国家公园居民对社会生态转型适应与对策研究

马 婷 著

中国林业出版社
CFPH China Forestry Publishing House

图书在版编目(CIP)数据

国家公园居民对社会生态转型适应与对策研究 / 马婷著 .—北京：中国林业出版社，2024.5

ISBN 978-7-5219-2627-9

Ⅰ.①国… Ⅱ.①马… Ⅲ.①国家公园-居民-生态文明-社会转型-研究-青海 Ⅳ.①S759. 992.44

中国国家版本馆 CIP 数据核字(2024)第 040284 号

策划编辑：肖　静
责任编辑：肖　静
封面设计：时代澄宇
宣传营销：王思明

出版发行：中国林业出版社
（100009，北京市西城区刘海胡同 7 号，电话 83143577）
电子邮箱：cfphzbs@163.com
网址：https://www.cfph.net/
印刷：中林科印文化发展(北京)有限公司
版次：2024 年 5 月第 1 版
印次：2024 年 5 月第 1 次
开本：710mm×1000mm 1/16
印张：7.5
字数：135 千字
定价：39.00 元

为保护生态环境和自然资源，我国在 1956 年建立了第一个自然保护地，历经 60 余年的实践和发展，已经形成了不同类型、不同级别的自然保护地与不同部门管理的格局，自然保护地体系逐步完善。到 2022 年年底，各类自然保护地数量约 1.18 万个，约占我国国土陆域面积的 18%，对保障国家和区域生态安全、保护生物多样性及重要生态系统服务发挥了重要作用。中央高度重视国家生态安全保障与生态保护事业发展，继提出生态文明建设战略之后，于 2013 年在《中共中央关于全面深化改革若干重大问题的决定》中首次明确提出“建立国家公园体制”，随后，《中共中央国务院关于加快推进生态文明建设的意见》(2015 年)、《建立国家公园体制总体方案》(2017 年)和《关于建立以国家公园为主体的自然保护地体系的指导意见》(2019 年)等一系列重要文件，均明确提出将建立统一、规范、高效的国家公园体制作为加快生态文明体制建设和加强国家生态环境保护治理能力的重要途径。2021 年 10 月 12 日，习近平主席在《生物多样性公约》第十五次缔约方大会领导人峰会发表主旨讲话时，向全世界宣布中国正式设立三江源等第一批国家公园，开启了以国家公园为主体的自然保护地体系建设新篇章。因此，开展国家公园居民对社会生态转型适应与对策研究尤为重要。

为深入贯彻习近平总书记重要讲话指示批示精神，高质量建设国家公园，国家在重点研发计划“典型脆弱生态修复与保护研究”专项下支持了“国家重要生态保护地生态功能协同提升与综合管控技术研究与示范”项目。这个项目的实施，正处于我国国家公园体制改革试点的关键时期，这虽然为项目研究增加了困难，但也使研究的成果有机会直接服务于国家需求。

很高兴看到马婷博士在以闵庆文研究员为首席科学家的研究团队的带领下，呈现给我们《国家公园居民对社会生态转型适应与对策研究》的成果。从所形成的成果看，该书围绕国家公园居民对社会生态转型适应性反馈机制、国家公园社区共管体制与机制等 2 个科学问题，综合了人文地理学、民族生态学、资源经济学、环境社会学、自然资源管理学、社会学等领域的研究方法，充分借鉴国际先进经验并结合我国国情，从区域尺度着眼，以三江源国家公园为重点，构建了我国国家公园居民对社会生态转型政策适应性反馈机制；计算了国家公园生态资产以及识别了居民支付意愿因素；评估了国家公园社区共管机制的公平性；分析了居民对于自然保护和生计权衡方案的倾向性；最后，提出了适应国家公园建设新趋势的相关政策建议。期待该书能够在国家公园建设过程中发挥重要作用，协同世界自然保护地阔步向前！

欣慰之余，不由回忆起自己在自然保护研究生涯中的一些往事。1982 年大学毕业后，我来到中国科学院西北高原生物研究所工作。为了丰富理论知识，20 世纪 90 年代，我暂别三江源，前往丹麦攻读动物营养学博士学位。2012 年，我调离青海省，担任中国科学院成都生物研究所所长。但我把初心永远留在了三江源。2018 年 8 月 17 日，我阔别成都，马不停蹄地回到青海。9 月 14 日，由中国科学院和青海省共建的中国科学院三江源国家公园研究院成立，我任研究院学术院长。40 年来，我一直致力于青藏高原草地生态系统演化及其对全球变化的响应过程、高寒草地退化成因和恢复机理、草地畜牧业可持续发展等方面的研究，在三江源区生态保护建设及绿色发展的技术创新、模式集成推广做了开创性工作，是我国青藏高原草地生态学研究学科带头人之一，在青藏高原生态学研究领域具有深厚的学术造诣和影响力，对青藏高原生态保护和草业科学发展作出了重要贡献。当今时代，我国正处于一个伟大的历史时刻。生态文明建设已被提升为国家战略，党和政府对于国家生态保护给予了前所未有的重视。在这个背景下，我们的研究基础和条件已经远远超越了以往。尽管我们的研究仍处于初级阶段，但我依然愿意与大家共同努力，积极投入这一伟大事业中去。我将竭尽所能，密切关注自然保护事业在新形势下的不断创新和发展，为之贡献自己的一份力量。

特此为序！

青海大学省部共建三江源生态与高原农牧业国家重点实验室主任

2023 年 10 月 13 日

前言

自然保护地是生态文明体制建设的重要空间载体，是中华民族的宝贵财富和建设美丽中国的重要象征，在维护国家生态安全中占据首要地位。自从20世纪50年代以来，中国逐渐建立了涵盖自然保护区、风景名胜区、森林公园、地质公园、湿地公园、沙漠公园等多种类型的自然保护地体系。据不完全统计，截至2022年年底，我国各类自然保护地已达1.18万个，总面积超过1.7亿公顷，占国土陆域面积的18%，提前实现联合国生物多样性公约“爱知目标”提出的到2022年达到17%的目标要求。

然而，伴随着社会经济的快速发展，自然保护地的多头管理、重叠设置、权责不清、保护与发展矛盾和管控措施针对性与操作性不强等问题凸显，通过整合优化构建新的自然保护地体系势在必行。2017年和2019年，中共中央办公厅、国务院办公厅相继印发了《建立国家公园体制总体方案》和《关于建立以国家公园为主体的自然保护地体系的指导意见》，明确提出要建立分类科学、布局合理、保护有力、管理有效的以国家公园为主体的自然保护地体系。

本书针对经济发展与生态保护的矛盾问题，揭示了三江源国家公园居民对社会生态转型政策适应性反馈机制，建立了社会生态转型政策适应性评估指标体系，并基于现有社会生态转型政策的合理性评价，提出了具体建议。

本研究得到诸多领导、专家的支持，包括中国科学院西北高原生物研究所张同作研究员、高红梅副研究员，加拿大阿尔伯塔大学资源经济学与环境社会学系布伦特·燕子(Brent Swallow)教授，中国林业科学研究院林业科技信息研究所王鹏副研究员，自然资源部中国自然资源经济研究院姚霖研究员，牛津大学地理与环境学院马克·福金(Marc Foggin)研究员，《自然保护地》期刊编辑朱安明，德国莱布尼茨农业景观研究中心陈成研究员，中央财经大学体育经济与管理学院马法超副教授等。其他为图书出版工作提供帮助的人员还包括王梓兆、王植、李在千、朱浩和戴亦萧。在此一并表示诚挚谢意！

本书出版之际，对相关单位领导和专家给予的帮助支持表示衷心感谢！在资料收集和撰写过程中，青海省人民政府、三江源国家公园管理局、长江源国家公园管理局、黄河源国家公园管理局、澜沧江源国家公园管理局相关领导，中国科学院地理科学与资源研究所、中央民族大学、中国科学院西北高原研究所、辽宁理工学院、中国农业科学院植物保护研究所有关学者给予了大力支持和悉心指导。在国家公园社区治理的研究中，他们在不同的时间，从不同的方面，以多种方式给予了我们极大的鼓励和帮助。

本书在写作过程中参阅了大量论著、文献和设计文案，所列难免挂一漏万，在此对所有版权所有者表示诚挚的谢意；同时，感谢中国林业出版社在本书出版工作中的敬业和细致。最后，要特别感谢国家公园的建设者们，他们从不同的专业领域、工作方向和实践经验出发，提出诸多有益的建议和意见，推动了国家公园建设的可持续性。

鉴于作者的工作能力和学术水平，本书还存在许多不足之处，期望学术界同行和广大读者不吝指正，共同促进中国国家公园建设的理论和实践发展！

马婷

中国科学院地理科学与资源研究所

2023 年 5 月

目 录

第1章 绪 论

1.1 研究背景

如何协调自然保护和社会发展是生态学和社会学交叉研究的热点问题，也是我国生态文明建设中迫切需要解决的实际问题(冯金朝等，2015)。三江源(长江、黄河和澜沧江的源头汇水区)位于青藏高原的中心地带(Maimaitiming et al.，2013)，其面积为36.3万km^2，约占青海省国土面积的一半，平均海拔4000m(Cheng & Jin，2013)。由于其生物多样性对整个国家乃至全球都具有重要的生态意义，并且起着重要的水调节功能，在2000年，约有一半的面积(15.3万km^2)被指定为自然保护区。一年后，青海三江源自然保护区管理局成立，2003年，经国务院正式批准，三江源自然保护区成为国家级自然保护区(Wu et al.，2020)。随着生态文明体制的改革，三江源于2015年被确定为中国第一个国家公园试点区。中国的国家公园仍处于试验阶段，需要进一步建设并遵循自上而下的管理模式(Wang，2019)。三江源区域获得了各种政府资金的支持，例如，在2005年国务院批准了此地生态保护和恢复计划并拨款75亿元人民币。尽管在三江源国家公园实施的一系列可持续项目已经实现了一些主要目标，但一些研究人员认为，由于气候变化带来的生活压力和人们的不可持续需求，三江源国家公园的管理需要基本的生计转变(Maimaitiming et al.，2013；Liu et al.，2016；Wang，2019)。为了从根本上遏制生态系统的退化，制定保护工作的规程，改善当地人民的生计，国务院还批准在中国建立“三江源国家综合试验示范区”。该示范区的生态建设项目和可持续发展计划不仅旨在加强三江源国家公园的环境保护，而且还致力于其转型。尽管得到了国务院的大力支持，但近20年来三江源国家公园由于气候变化而遇到了越来越严重的生态系统退化和土壤侵蚀问题，区域内人类活动的频率和强度也有所增加(Li et al.，2013)。特别值得注意的是三江源地区的生态环境敏感脆弱，高寒草原植被一旦受到干扰或退化，将很难恢复(Zhou et al.，2005)。最近，为了控制草地退化并促进区域可持续发展，国家已对该地区给予了相当大的关注和支持(Liu et al.，2008)。国家为了保护源区脆弱的生态环境，自2000年起，已实施了22种生态恢复策略(Sheng et al.，2019)，以保护源区脆弱的生态环境。这些策略可以减少土地退化并促进经济的可持续发展，从而为三江源国家公园带来巨大的社会生态变化资源(Liu，et al.，2016)。Anditis(安蒂斯)(Wu et al.，2013)指出，生态恢复政策有助于改善整个地区的生态系统服务。值得注意的是，该地区的草地退化问题得到了缓解，净初级生产(NPP)增加了45%，草地生物量增加了24.7%，进而增加了向下游地区的水资源供应，使水质得到了改善(Wu et al.，2013)。

如上所述，长期的社会和生态转型政策与计划对维护当地的生态稳定作出了重要贡献。总体而言，在政策实施以来的20年内，当地已实现了保护和改善三江源国家公园当地生态环境条件的目标。在一期和二期生态保护计划的两个阶段中嵌入的两个主要保护政策是生态补偿和生态迁移政策，它们在三江源国家公园产生了实际的自然保护效应。但与比较成功的生态补偿政策相比，生态迁移政策采取了“一劳永逸”的管理策略，其没有针对特殊家庭背景和生计困难的居民进行合适的安置，带来了很多后续问题，包括高度依赖政府的财政支持，生产和收入缺乏自我可持续性，搬迁居民的幸福感并未提高，而且地方政府也无力实施漫长的金钱支付计划，从而导致失败(Cao et al.，2009)。为了解决这些问题，中国的目标是到2020年建立新的保护区系统，并通过提高管理效率来保护脆弱的生态系统并加以完善。为了满足三江源国家公园自然保护可持续的需求，相关研究对于政策制定者在设计后续项目时加强政策可持续性至关重要。许多研究着重于政策和居民的社会经济特征对其决策和行为的影响，而先前的研究在模式和含义上仍然存在局限性，主要表现在以下几方面：①关于政策评估理论、方法的理论研究和实证分析层出不穷，但是直至目前，政策评估研究仍旧处于百家争鸣状态，尚未形成统一的理论研究体系；②尽管在其他情况下已经对社会生态转型进行了深入研究，但中国国家公园地区的社区研究仍处于起步阶段；③应用于小尺度、地域性(少数民族地区)的环境政策及政策可持续性评估实证研究的成果相对较少；④目前未见有不同社区对社会生态转型政策变化的适应性反馈机制的研究；⑤目前未见有针对当地居民影响的公平性来评估国家公园内共同管理方法的研究；⑥影响支付意愿的因素包括社会经济特征、居民满意度、社会信任和对旅游保护区的了解，但是关于社会信任因素与支付意愿之间关系的研究很少，主要集中在对地方管理的认可等其他社会因素上(Wang et al., 2018); ⑦对社区生态保护行为的研究通常集中在个人和社会经济方面，很少考虑潜在心理结构的特征，如社区居民的意愿和感知。

因此，基于以上这些局限性，本文以环境科学和管理科学中的相关研究为基础，以社会生态系统(social ecology system, SES)框架和计划行为理论(theory of planned behavior, TPB)为指导理论，运用理论分析与实证分析相结合、定性研究与定量分析相结合的研究方法，以居民对社会生态转型政策适应性感知研究为切入点，通过三江源国家公园的实证研究对居民视角下的国家公园环境政策适应性反馈机制进行讨论。

1.2　研究内容、目的与意义

1.2.1　研究内容

本研究通过构建基于不同社区的社会生态政策适应性反馈机制与指标体系，以三江源国家公园实施的社会生态转型政策适应性感知研究为切入点，在微观层面上探讨生计、政策、结果和态度的相关性，从而探讨不同居民对在自然保护地内所实施的环境政策的认可和感知等方面问题。这些问题包括认可程度、对其适应性感知产生影响的因子、不同社区居民的适应性、不同人口特征者内部是否存在显著差异、差异的影响因子和内在驱动因素等。本研究进一步分析了影响居民对于自然保护和生计权衡方案的偏好因素，采用条件价值法评估了三江源国家公园的生态资产以及影响居民支付意愿的因素，并用焦点小组访谈的方式对国家公园内外共同管理方法的公平性进行了评估，以期为政府完善社会生态转型政策和制度措施提供政策建议。本研究为民族和生态关系的研究提供了新的方法和研究视角，对促进民族地区的经济、社会与环境可持续发展和民族地区的生态文明建设均具有重要意义。

1.2.1.1　社会生态转型政策适应性反馈机制和指标体系的构建与分析

本研究基于社区居民的视角，分析了影响社会生态转型适应性反馈机制感知因子。在此基础上，建立了环境政策适应性感知指标体系。通过对这些影响因子和反馈机制的探讨，有效观察、测量和评估了环境政策的适应性，探索了社会生态转型政策对社区居民等非官方主体的影响因素，以及这些主体对政策、生计、结果的感知和态度。通过相关文献参考和案例结合，笔者构建了一个具有操作性的“社会生态转型政策适应性感知”反馈机制和指标体系，为自然保护地环境政策的适应性评估提供了基于社区居民视角的研究参考。

1.2.1.2 社会生态转型政策适应性感知影响因子研究

通过建立基于社区居民参与视角的社会生态转型政策适应性感知研究框架，笔者提出以下研究假设：社区居民的社会生态转型政策适应性会受到其所处环境、教育水平、经济状况等因素的影响。以三江源国家公园为例，笔者将分析其社区居民在生计、政策、结果和态度方面的适应性，并验证相关假设。笔者将采用深度访谈的方法对验证结果进行进一步分析和讨论，以更好地揭示社区居民在社会生态转型政策适应性方面的差异及其相关性。通过了解社区居民对现有社会生态转型政策的感知和评价，笔者将为三江源国家公园等自然保护地的社会生态转型提出政策和管理建议，以促进其可持续发展和生态保护。

1.2.1.3 国家公园内外共同管理方法的公平性评估

本研究在中国第一个国家公园(三江源国家公园)社区共同管理的背景下，通过焦点小组研究了从藏族牧民和当地官员那里获得的反馈，并提出了针对国家公园可持续发展的建议。

1.2.1.4 生态资产评估以及影响居民对生态旅游资源支付意愿的因素分析

采用条件价值法(CVM)评估三江源国家公园的生态资产以及影响居民意愿的因素(这里的意愿包括支付意愿、工作意愿和接受补偿的意愿)。

通过居民的支付意愿来测试与生态旅游资源利用相关的因素，以便为国家公园和其他保护区的管理提供指导，更加广泛地讨论关于旅游业和可持续发展的问题。

1.2.1.5 居民对国家公园生计策略和优化方案的感知倾向性研究

通过方差分析(ANOVA)方法分析影响居民对中国三江源国家公园试点区生计策略和保护区优化方案的感知倾向性因素，以期为当地可持续发展提供依据。

1.2.2 研究目的与意义

1.2.2.1 研究目的

本研究旨在通过理论研究和文献综述，运用 SES 框架、TPB 理论进行实证分析，为我国环境政策评估研究提供基于不同类型居民的环境政策适应性感知研究视角，在微观层面上探讨不同社区家庭和居民对于社会生态转型政策适应性的反馈机制，为完善我国环境政策评估研究提供借鉴。

1.2.2.2 研究意义

理论意义：很少有学者用SES框架来考虑短期冲击的弹性和长期改变的适应性。本研究基于TPB理论和SES框架，创造了三江源国家公园社区的生态文明模型。本研究的模型从生计、政策、结果和态度这4个维度描述了适应性反馈机制。

实践意义：通过科学分析，发现其环境管理中存在不足并及时进行反馈建议，这不仅对于三江源的可持续发展有非常重要的意义，同时对我国其他环境管理者产生深远的影响。

1.3 拟解决的关键问题与技术路线

1.3.1 拟解决的关键问题

本研究围绕三江源国家公园社会生态转型适应性反馈机制这条主线，拟重点解决以下几方面问题。

(1)不同家庭是否受益于社会生态转型政策？政策的适应性如何？

(2)影响居民对国家公园生计策略和园区优化方案(生计和自然保护权衡)倾向性的因素有哪些？

(3)国家公园共同管理方法的公平性如何？

1.3.2 技术路线

本研究技术路线见图1-1。

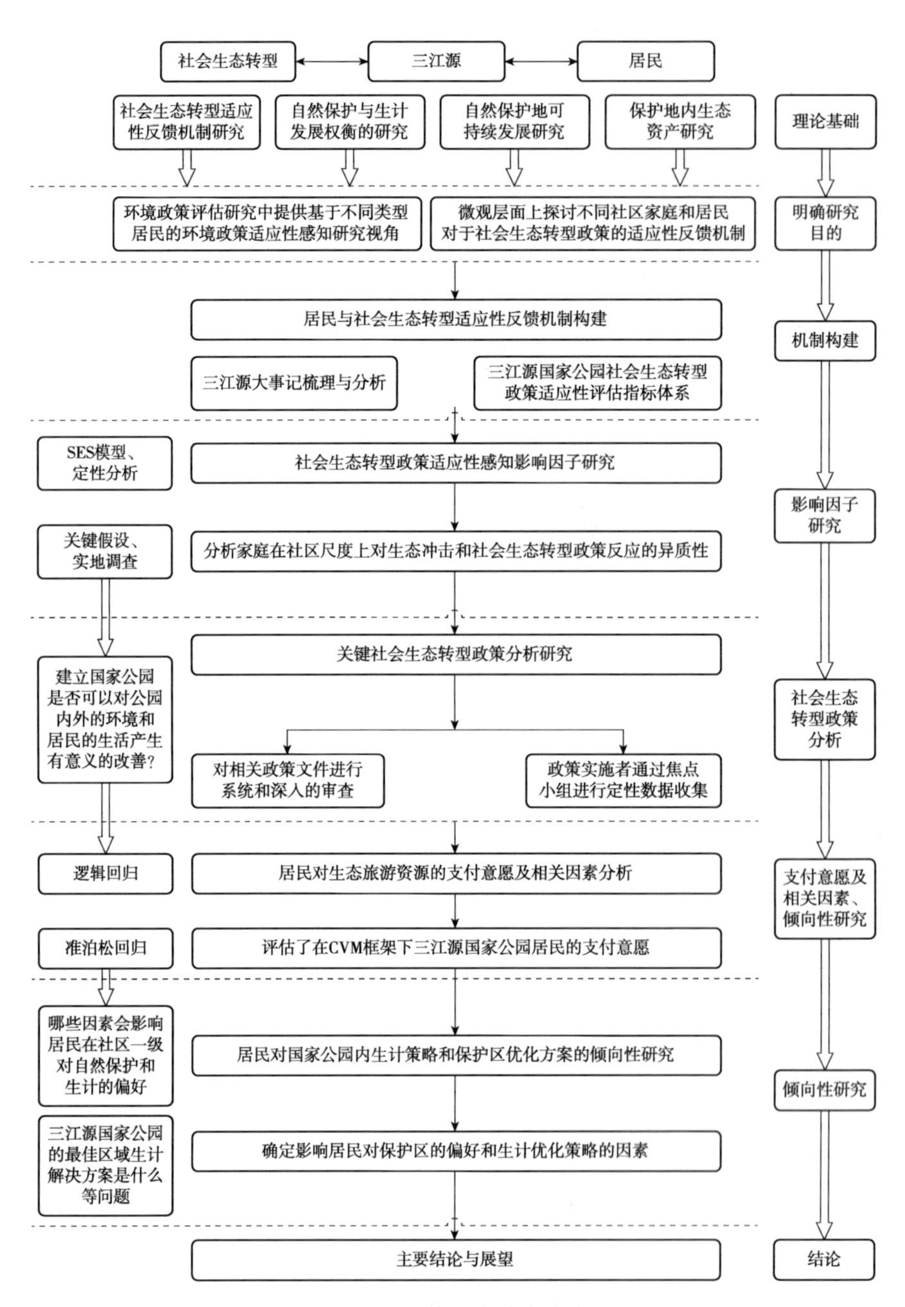

图 1-1　总体研究技术路线

1.4 研究区域

1.4.1 选 择

本研究基于不同主体视角对自然保护地实行的社会生态转型政策适应性反馈机制进行研究，把握非官方相关主体对于社会生态转型政策的感知、态度与参与其中的特点。因此，本研究有以下几个特点：实施的环境管理与相关环境政策有一定的代表性和典型性，在全国其他自然保护区中有一定的影响；所选择的自然保护区内需保留原始居民和管理者以外的其他主体，且两者间有一定的互动；另外，这一自然保护区的数据资料应有一定程度的积累和相关支持数据。在以上标准的指导下，本文选定三江源国家公园作为案例地进行研究。

1.4.2 概 述

三江源地处青藏高原腹地，是黄河、长江和澜沧江(湄公河)三大河流的源头。与中国大部分西部地区一样，气候条件普遍干旱、人口密度非常低(平均<10 人/km^2)(Maimaitiming et al.，2013)。

三汇源国家公园总面积为 19.07 万 km^2，包括治多县、曲马莱县、玛多县和杂多县以及可可西尔自然保护区所辖的 12 个乡镇 53 个行政村。三江源国家公园试点是一系列政策改革中的最新举措，旨在扭转数十年来停滞不前的现状，即指中国西北地区的生态系统(包括草地、湖泊和冰川)的退化(Zhao et al.，2016)。三江源国家公园(SNP)将是在中国新的国家公园体系下启动的第一个国家公园，拟作为“生态保护的榜样”和机构创新(Ma et al.，2023)。该公园位于青海省西南部，占地 123141km^2，它比美国黄石国家公园(Yellowstone National Park)更大，并且拥有许多生物多样性丰富的高山生态系统，超过 1000 种动植物物种，并且至少有 64000 名居民居住，其中大多数为藏族牧民。作为中国建立的第一个国家公园，在此开发、实施和采用的方法和模型将有助于指导后续公园的建设，包括旨在共同满足自然需求的创新治理安排和管理措施以及三江源国家公园试点的独立评价。国家公园的发展经历了 3 年的试验阶段，建立在先前自然保护区的早期经验基础之上。这些自然保护区是当地社区共同管理方法和与当地居民互动形式的首次尝试（Leung et al.，2018；Charters & Saxon，2007；Long et al.，2008）。联合国开发计划署全球环境基金支持的青海生物多样性保护项目(2013—2018 年)进一步加强了早期的共同管理、一户一岗协同保护等项目，并在非政府组织的支持下，将以社区为中心的方法纳入受保护的社区(Paxton, Scott, & Watanabe, 2016; Foggin, 2018)。由加拿大国家公园和高原视角协会共同举办的考察活动(参观加拿大的山地公园)进一步澄清了共同管理方法。自然保护区管理当局所收获的众多机遇包括其在提高公众对环境问题认识方面的价值，社区参与环境监测和研究以及与保护区内/附近地区旅游开发有关的问题(Miller, 1990; Sheehy et al., 2006)。此外，所有这些努力都是在较早的社区驱动计划的基础上建立起来的。同时，我们也提醒当地社区不应忽视或遗忘先前在正式或非正式的社区保护区中扮演的基本角色(Kothari & Neumann, 2014)。由于当地的藏族人信奉藏传佛教，他们从小就对高山河流充满了敬仰之情，认为山是神圣的，不允许伐木、盗猎或乱扔垃圾。他们对待河流源头的态度也是如此，禁止人们接近或污染。当地居民仍然是历史最悠久的环境保护者，也是最有能力为环境保护作出贡献的人群(Sobrevila, 2008)。因此，当地已经尝试了生态管护员看守系统，并将其融入社区中(Yan, 2017; Foggin, 2018)。在国家公园的管理下，牧民将成为三江源环境的守护者，并有望通过提供就业机会来增加收入(Peng, 2018)。

第 2 章 自然保护地社会生态转型理论基础与文献综述

2.1 社会生态转型适应性反馈机制研究

转型已经成为可持续发展研究的重要课题，大多数研究致力于通过政治战略来迈向转型方面的探讨。“社会生态转型”以社会生态学、实践理论和政治生态学为基础，描述因成功解决社会生态危机而引起的政治、社会经济和文化转变(Brand & Wissen，2016)。在可持续发展研究中，通常不预测过渡过程，全球转型的目的和手段以复杂的方式相互作用。相关政策文件显示，尽管没有使用足够的知识和治理实践经验，但仍以规范性术语描述了过去的主流和不连贯的可持续发展思想。大约 30 年前，全球开始讨论可持续发展问题，时至今日，虽然各种社会、政治、经济和环境变化为可持续发展铺平了道路，但仍需要对可持续发展和全球治理的科学和政治话语中的知识实践进行批判性审查。可持续性道路的变化本质还无法解决，在社会转型的过程中，只有不久的将来才可见(Brand & Wissen，2016)。

在过去几十年中，渐进式环境治理被认为是可持续发展的基石。然而，这种方法已经被越来越多地批评，认为不足以解决气候变化、生物多样性丧失、资源枯竭、粮食安全或社会不平等等问题。因此，寻求实现“向可持续发展的社会转变”，甚至谈论“大转型”，成为引导性的主题。这种转变一方面带来了新的视角，但另一方面也面临着风险，例如缩小研究范围和采取行动的范围，这些风险被称为“新的重要正统观念”。这些观念要求对现有机构(如政府)、市场、科学和技术等进行全面的转型。毫无疑问，实现向可持续发展的转变必然涉及政治战略方面的挑战，包括干预正在进行的社会、政治、经济、制度等方面的能力和技术改造过程，以及在各种不同的政治行政环境中进行这些改造的挑战(Bruckmeier，2016)。

人类发展对环境影响的最新全球权威评论之一是对国际生物多样性和生态系统服务小组的评估(Karki et al.，2018)。IPBES(国际生物多样性与生态系统服务政府间科学政策平台)发现当前的发展趋势无法持续。人类的未来取决于是否有可实现的愿景，以指导人类从社会生态陷阱过渡到可持续发展(Gallopín，2006)。社会生态陷阱是用来描述人与周围环境之间的相互作用以及驱动系统朝着不可持续和不良状态发展的过程的概念(Cinner，2011；Boonstra et al.，2016)。当生态系统的状态与人类及其周围资源的互动持续不协调时，就会出现陷阱(Boonstra & de Boer，2014)。尽管正式和非正式的治理机构可以逆转导致陷入困境的过程，但能力弱或不合适的治理机构也可能造成或加剧陷阱，导致资源退化和贫困率上升(Cinner，2011)。因此，深入了解社会生态陷阱的出入途径对于为自然资源治理安排的生产、应用和适应提供信息至关重要(Baker et al.，2018)。

弹性是系统吸收干扰并在发生变化时进行重组，以便仍然保留基本相同的功能、结构、标识和反馈的能力(Walker et al.，2004)。弹性是一个长期目标，应被用来指导政府政策从陷阱转向可持续发展(Pisano et al.，2012)。适应性是系统中的参与者影响弹性的能力(Levin，1998)。对社会生态系统的干扰可能包括干旱、火灾、疾病、地震或飓风等自然现象，以及经济衰退、创新、技术变革和政治革命等人为现象。随着人口和消费水平的提高，人为干预的影响不可避免地被夸大了，从而影响了社会生态系统的整体适应力。在相对离散的时间事件中发生的干扰被称为“脉冲”干扰，对系统的渐进或累积压力被称为“压力”干扰(Alliance，2010)。

目前，对于我国大部分自然保护地而言，其职责不仅仅局限于管理自然资源和保护生态环境，同时也面临经济发展的压力。因此，自然保护地的环境管理者不仅需要对自然资源、自然环境等进行管理，同时还要对进入自然保护区的本地居民、外来游客、旅游从业者等公众进行管理；而环境和公众作为环境政策的调整对象，通过自身的行为来对环境政策做出反馈。这一过程看似简单，但由于不同利益相关主体的特征、特点、利益和观点不同，对环境政策也会产生不同的感知和态度(叶远智等，2019)。对于旨在保证自然保护地可持续发展的环境政策适应性，不同利益相关主体的感知、态度和评价等必定不同。虽然这些反馈也许并非完全科学或理性，但作为环境政策的重要相关主体，他们的声音应该被表达。例如，某一政策的适应性如何；政策调整对象及相关利益主体对现有管理措施和政策法规的适应性感知及态度如何；其适应性感知与参与环境政策过程行为之间关系如何；影响因子包括哪些。这些问题的探讨对于探索我国自然保护地环境政策适应性评估起到积极作用。

本研究在分析框架中引入了 SES 框架和 TPB 理论作为家庭/地方层面

的适应策略，使用家庭访谈的数据来说明中国三江源国家公园的社会生态适应性模型(借鉴 SES 框架所衍生出的)。采用混合方法，确定并描述了由中央政府“生态文明”理念所产出的社会生态转型政策，包括新建立的三江源国家公园。使用生态文明模型这个分析框架来分析家庭对生态冲击和政府政策的反应(即家庭对这些变化反应的异质性，社会生态系统级别的关键概念包括弹性、适应性、转型和感知；家庭层面的关键概念包括感知、态度和行为)，TPB 用于研究单个家庭的异质行为。这项研究不仅考虑了受访者对家庭福祉的评估，还考虑了生态系统健康。

2.1.1　SES 框架

奥斯特罗姆(Ostrom)寻求建立通用词汇表和逻辑语言结构，促进对 SES 可持续性感兴趣的学者之间的交流。学者们都面临着发展连贯的分析模式以应用于多个规模上复杂的嵌套系统的艰巨任务。为了了解多种形式的治理如何影响具有不同规模和背景的资源用户以及它们如何影响具有不同特征的资源系统，学者们需要借鉴多种科学学科，每种学科都发展了自己的技术语言。通常，一门学科中术语的定义语言与另一门学科的语言不同，例如，生态学中的社区含义与社会学中的相反。理想情况下，框架可以帮助学者和政策制定者从实证研究和对过去改革努力的评估中积累知识，分析和诊断复杂现象(Rockström et al.，2009；Ostrom & Gardner，1993；Anderies et al.，2004；Wollenberg et al.，2007；Basurto et al.，2013)。由于 SES 本质上很复杂，因此需要理论来指导有效分析重点的选择。但是，没有一种理论观点足以分析所有可行情况。该语言框架旨在保持“理论中立”，以便可以在共同的基础上评估来自其他理论观点的竞争假设。当然，没有一种语言可以完全摆脱认知观念和固有限制。SES 框架的基本假设是，人类可以作为个人或作为协作小组的成员做出有意识的选择，而这些个人和集体的选择至少可以潜在地在结果上产生重大变化(Anderson & Ostrom，2008；Brock & Carpenter，2007)。这些选择过程不需要适应任何特定的决策或决策模型。替代性的理论解释强调了框架的不同组成部分，在影响个人偏好、集体选择、意外结果和最终结果时尤其重要。但是，任何方法都有其局限性，并且 SES 框架不是应用任何解释模式的合适基础，这些解释模式剥夺了对 SES 内部人员有意义的代理权(Liu et al.，2007；Ostrom，2009；McGinnis & Ostrom，2014)。

2.1.2　TPB 理论

TPB 理论(计划行为理论)提供了一个有用的概念框架来处理复杂性人

类的社会行为。该理论纳入了一些中心社会科学和行为科学中的概念，定义了这些概念以允许预测和理解特定行为的方式在指定的上下文中。对行为的态度，关于行为的主观规范，以及对行为的感知控制通常被发现是可以高度准确地预测行为意图的。反过来，这些意图与感知到的行为控制相结合，可以解释行为。同时，仍有许多问题尚未解决。尽管有大量证据表明在行为信念和对行为的态度之间存在重大关系，但规范性信念和主观规范，以及控制信念和行为控制的观念，这些关系的确切形式仍然不确定。最佳的信念强度、结果评估、遵守和控制因素的感知力量可以帮助克服缩放限制，但观察到的整体之间的相关性增益基于信念的措施不足以解决这个问题。

但是，从一般的角度来看，计划行为理论应用于特定领域的行为，例如为饮酒(Kang et al.，2006)等休闲行为提供了大量的信息，了解这些行为，或实施干预措施会有效地减少社会问题的产生(Norman & Smith，1995)。意向、对行为控制的感知、对行为的态度以及主观规范都揭示了行为的不同方面。

2.2 自然保护与生计发展权衡的研究

世界上70%的自然保护区都居住着以生存为基础的人口，许多自然保护区受到越界侵犯的威胁，因此围绕社会正义和当地生计的问题以及生物多样性保护不容忽视(Van Schaik & Rijksen，2002；Terborgh & Peres，2002)。自然保护地一直是自然保护、保护生物多样性、生境和重要景观特定物种的基础(Van Schaik & Rijksen，2002)。然而，人口稠密的农村社区，被农业用地包围，众多人口生活在贫困中，通常建立自然保护地会使得邻近社区流离失所、粮食安全下降和生计减少(Cernea & Schmidt-Soltau，2006；Brockington & Schmidt-Soltau，2004；West et al.，2006)。不同的激励已经从各个方面向社区提供了措施，以期尽量减少公园与人之间的冲突。但是，即使提供了这些激励措施，几十年来，仍然难以解决自然保护地中的冲突(Spiteri & Nepal，2008)。激励计划的失败主要归因于缺乏实现当地可持续生计的措施需求，以及村庄之间利益分配不均(Stræde & Treue，2006；Kellert et al.，2000)，然而，相对较少的研究探索了在社区尺度上影响自然保护地内自然保护和生计之间权衡的因素。本研究首次应用方差分析(ANOVA)分析了影响居民偏好的自然保护地和生计优化策略的因素。

2.3 自然保护地可持续发展研究

自然保护地(PAs)有多种形式，人们普遍地将PAs理解为国家公园、自然保护区以及一系列其他由政府建立的正式系统。但是，世界上大部分地区是通过习惯做法得到保护的，而习惯做法实际上已经使得土地和自然资源得到了保护。在所有大洲的87个国家的当地居民和地方社区(IPLCs)拥有至少约3800万km^2的土地使用权，占世界陆地面积的四分之一以上，约与所有陆地自然保护区和生态完好景观的40%相交。这种社区自然保护区通常与正式自然保护区重叠(但不相同)(Stevens et al., 2016)。在自然保护区的历史上，包括在西方国家和其他国家建立的大多数早期的国家公园(主要是在西方"堡垒保护"保护模式的指导下)，对当地人民尤其是国际IPLCs造成了很大的伤害(Bennett et al., 2012)。但是，随着对ICCA(生命领地以及社区驱动的其他相关保护用语)的认可，特别是参考了两个互补但截然不同的过程，即土地和资源的治理(由谁决定)以及最终的管理系统(已完成)。世界自然保护联盟(IUCN)于1994年出版的《自然保护地管理类型指南》根据主要管理目标将自然保护地分为6类(表2-1)，对于加强自然保护区的管理和可持续发展具有深刻的意义。目前，这个新的IUCN保护区分类系统正越来越被世界各国所普遍使用，一些国家还将此分类系统纳入国家法规之中。自然保护联盟世界保护区委员会(WCPA)最近批准了一个新的管理类别，即其他有效的基于区域的保护措施(MacKinnon et al., 2020)，这为新思维和新的认识打开了基于社区保护方法的大门。话虽如此，现阶段仍然存在关于代理机构和决策优先权的关键问题(Farvar et

表2-1 IUCN保护地分类管理体系

类别代码	类别名称	主要目的
类别Ⅰa	严格的自然保护地	用于保护未经人类干扰的严格保护地
类别Ⅰb	荒野保护地	用于保护受人类轻微干扰的保护地
类别Ⅱ	国家公园	用于生态保护、科研工作、游憩活动的保护地
类别Ⅲ	自然遗产	用于保护独特的自然特征的自然保护地
类别Ⅳ	栖息地/物种管理区	用于通过积极干预进行保护的保护地
类别Ⅴ	陆地/海洋景观保护地	用于陆地/海洋景观保护和游憩的保护地
类别Ⅵ	加以管理的资源保护地	用于自然资源可持续利用的保护地

注：资料来源于《IUCN自然保护地管理分类应用指南》。

al., 2018)，而其他新兴的全球保护计划(例如“半地球”)可能仍会破坏取得的成果。迄今为止，支持回归保护主义的排他性保护方法有利于富人而不是多数人(Dudley et al., 2018)。

中国拥有约35000种维管束植物(世界排名第三)和6445种脊椎动物(占世界总数的7%)(Cao et al., 2015; Li et al., 2016)。为了保护其独特的野生动植物，中国自1956年以来建立了广阔的自然保护地网络(余久华，2006；石德金等，2001；王秋凤等，2015)。目前，全国共有2729个自然保护区，覆盖约15%的国土面积(Guo & Cui, 2015；沈兴兴等，2015；任啸，2005)。共有10000多个自然保护地(包括自然保护区)覆盖全国约18%的土地，包括森林、地质公园、湿地公园、世界自然和文化遗产遗址以及风景名胜区(张金良 & 李焕芳，2000；马静，2014；刘韫，2009；郭进辉 & 孙玉军，2009)。自1997年以来，中国至少制定了7项国家级重大保护计划以及相关法律法规，确定了生物多样性保护和优先保护的全国重要生态功能区(Cao et al., 2015)以及参加主要公约的组成部分。因此，在过去的几十年中中国采取了许多积极步骤保护生物多样性，但是一些限制和挑战显然依然存在(Cao et al., 2015; Worthy & Foggin, 2008)。自然保护区的挑战之一是在保护方法与当地社区的社会经济需求之间找到一种平衡(Eagles et al., 2002; Li & Han, 2001; Wang et al., 2012)。特别是在过去的几十年中，在该地区发展旅游业已在许多情况下进行了试验，但是这个方式带来了一系列固有挑战，它们主要围绕旅游共享的利益和保护区的商业化(梅燕 & 谢萍，2010；李洪波 & 李燕燕，2009)，在大多数情况下，自然保护区是为自然保护而不是为地方发展提供资金。自然保护区的总体目标仍然是“保护”，大多数自然保护区管理当局与居民社区互动并对其进行务实的评估(例如，为实施保护行动，实施环境监测或减少人与野生生物之间的冲突)(廉同辉等，2010)。在国家和全球范围内认识到提高自然保护区的价值，不仅需要保护生物多样性，而且要确保为人类利益提供生命支持的生态系统服务。为了在整合人类活动的同时保护特殊的栖息地并调节服务，中国现在正在引入的一种新型保护地——“国家公园”系统(Xu et al., 2017; Liu et al., 2016)。国家公园系统的官方计划清楚地表明“将建立国家公园以实现生态保护与可持续发展的结合”，自然保护区和国家公园之间的区别在于后者可提供更多的社交和经济利益。国家公园在任何成功的保护和利用之间都应保持平衡，使其既可以提供发展机遇，又可以提供有效保护。国家公园系统还旨在成为政府“生态文明”愿景展示与环境可持续的范例(Sung, 1996)。在第一个国家公园三江源国家公园中，

“当地居民成为环境保护的主要力量，新工作提供了就业机会，增加了居民收入并激励他们保护环境”(Ma et al.，2023)。根据中国国家级别的决策机构2017年发布的《国家公园系统建设总体规划》，总共有10个新的国家公园正在试点，并计划于2020年推出(由于新冠肺炎疫情被推迟至2021年)。正如中国首个国家公园的高级管理人员强调，国家公园应同时注重环境保护和促进社区经济发展(表2-2)。表2-2详细介绍了目前在

表2-2　在中国新的国家公园体系中处于试验阶段的国家公园

名字	省	描述	总面积
三江源国家公园	青海	位于地球“第三极”青藏高原腹地，涵盖中国3条主要河流(黄河、长江、湄公河)的源头	123100km^2
海南热带雨林国家公司	海南	属热带海洋性季风气候区，森林覆盖率为95.56%，植被以热带雨林为主	逾4400km^2
普达措国家公园	云南	因其原始景观而闻名，包括湖泊、湿地、森林和草地，以及近100个濒危野生动植物物种。它的生物多样性非常丰富，占中国植物物种的20%以上，大约有1/3的哺乳动物和鸟类。是黑颈鹤、兰花和喜马拉雅紫杉的所在地。藏文化和当地习俗也是国家公园的组成部分	1313km^2
钱江源国家公园	浙江	包括濒危特有物种的栖息地，例如艾略特的野鸡和簇绒的鹿，也以种子植物而闻名	252km^2
武夷山国家公园	福建	以深峡谷、瀑布、野生动物和茂密的亚热带森林而闻名，世界遗产	983km^2
神农架国家公园	湖北	以广阔的原始森林而闻名，濒临灭绝的草药品种，以及传说，例如神秘的“野人”。位于靠近中国的三峡。岩溶很大，有很多洞穴，世界遗产	1170km^2
南山国家公园	湖南	成千上万只候鸟的栖息地	619km^2
东北虎豹国家公园	吉林和黑龙江省	该公园占西伯利亚地区的四分之一，西伯利亚虎(Panthera tigris altaica)的栖息地	14600km^2
大熊猫国家公园	四川、甘肃和陕西省	80多个保护区将被纳入，是世界上大多数大熊猫(*Ailuropoda melanoleuca*)的栖息地，同时也是许多其他野生动植物的家园	27000km^2
祁连山国家公园	甘肃和青海	高海拔山脉(4000~6000m)，是雪豹(*Panthera uncia*)、白唇鹿(*Cervus albirostris*)和其他稀有野生动植物的家	50000km^2

注：引自Foggin(2018)或http：//whc. unesco. org/en/list/438.；http：//whc. unesco. org/en/list/911. 3. http：//whc. unesco. org/en/list/1509.

中国开发的首批10个国家公园试点(Xu et al., 2017)。在中国，有关保护地角色多元化和主要目标的新观点，即除了严格保护主义的保护方法外新国家公园系统的发展，与该国可持续发展的愿景相一致。在中国的“生态红线”(ECR)方法中将生态保护战略纳入所有的战略主流，首先体现了发展领域，通过诸如全球环境基金支持之类的计划得到加强，在ECR地区的一些自然保护区已经进行了社区共同管理，当地社区欢迎将其纳入当地的生态保护中，从而促进了自然保护区的保护和可持续发展(Peng, 2020)。中国已经开始将ECR纳入国家政策和法律，并且ECR在人们中的宣传和普及度也在增加。可以预见，随着公众对生态保护意识的不断增强，他们的生活习惯将不断改善，并且随着他们共同参与的不断增加，人们有望最终实现人与自然之间的可持续和谐(Wang et al., 2021)。实际上，仍然需要乌班图(Ubuntu)智慧才能成功地进行自然保护。Ubuntu是一种古老的非洲哲学，可以总结为简单的格言“我们都好”，即认识到社区在自然保护中的核心地位(Foggin, 2021)。

在我国西部，大约有一半的地区涵盖了国家重点生态功能区，每个区域都优先考虑水源区域、土壤、防风固沙和生物多样性保护功能(Yiqiu et al., 2015)。保护区对于实现可持续发展目标的价值现已确立(Dudley et al., 2010; Bland et al., 2017)，中国也是如此，这是对可持续发展目标和与其紧密联系的《巴黎协定》的承诺。数十年来，中国一直通过自然保护区来保护野生动植物地区和其他受保护物种。但是，这种保护区对人类福祉的价值(或利益)并不总是给予明确考虑(Gbadegesin & Ayileka, 2000)。直到中国领导人认识到人与自然之间不可分割的关系，认识到即使是在保护区内，也无法建立“国家公园”系统。原来，术语“保护区”是自然和自然保护的各种形式的高级通用类别，自然保护区是其一种形式，其优先保护野生动植物和栖息地，但没有直接考虑人类的福祉。然而，国家公园具有保护自然和造福人类的双重使命。在中国，将“环境”作为耦合的社会生态系统(SES)仅在最近几年才开始出现。随着合作伙伴的共同探索和更多的合作，三江源地区已经出现了SES观点的保护模式。最终，中国决定采用双重保护的国家公园模式，旨在找到最适合解决生态重要性(和需求)以及该地区人类发展利益等问题的保护形式。国家公园和自然保护区都是中国的法人实体。国家公园的发展旨在集中和“合理化”国家重点地区的规划和管理。

本研究在中国第一个国家公园(三江源国家公园)社区共同管理的背景下，通过焦点小组访谈对国家公园内外共同管理方法的公平性进行了评估，并通过从藏族牧民和当地官员那里获得的反馈提出了针对国家公园可持续发展的建议。

2.4　自然保护地内生态资产研究

目前，全球和区域生态危机和快速退化的生态系统服务功能给人类社会的可持续发展带来了巨大的影响，这些影响进一步促进了人类更深入地思考自身与自然生态系统之间的关系(Russo & Smith，2013)。其中，生态资产属于生态经济学与可持续发展一个新的研究领域。科学评估其价值以及定量描述时空动态变化可以为区域性科学规划、决策和可持续发展提供重要参考，这已经成为当前保护生态环境、维护人类社会福祉、激励人与自然和谐进化的迫切需求(赵剑波等，2017)。对于决策者而言，本章的自然资源和生态系统服务评估为他们提供了非常重要的信息，其包括有关环境问题的简要概述、估计经济政策和环境的定量结果以及调整国民经济数据(例如国内生产总值)的核算数值(Turnhout et al.，2014；Azimy et al.，2020；Costanza et al.，1997；Krikser et al.，2020)。国家公园和其他生态系统服务提供方相比，可以最大限度地造福人类社会，尤其是维持环境和生态可持续性，这与其现有的生态服务高度相关，例如提供游客的休闲生态旅游资源。作为生态旅游胜地，国家公园以可持续的方式促进了国家和地方经济的发展(Palomo et al.，2013)。一方面，国家公园正成为包括中国在内的许多国家越来越多的娱乐场所(Tisdell，1996；Suntikul et al.，2010)。另一方面，管理国家公园的一大挑战在于实现保护景观和自然资源这一长期的可持续计划，并扩大其中的历史文物和野生生物的覆盖范围(Dai，2019)。例如，三江源国家公园因其著名的三江(黄河、长江和湄公河)风光而成为热门生态旅游选择。由于游客数量的增加，旅游业给当地人民和政府既带来了旅游经济的效益和机遇，也带来了生态环境问题的挑战(Ma et al.，2020)。基于上述情况，地方政府和私营部门可以制定和实施有效的战略来管理国家公园以应对机遇和挑战，例如，通过向居民和游客收取入场费或使用费来确保资源的使用收入，以实现其可持续的生态旅游目标。

国内外学者已经对不同规模和不同土地利用类型进行了广泛的生态资产价值的研究工作。Daily 和 Costanza(1997)首次提出了生态系统服务评估方法的原理，此结果推动了生态系统服务价值评估成为生态经济学的前沿研究，使得生态系统服务价值的原则和评估方法更加清晰；联合国于2001年发起和组织的千年生态系统评估项目深化了生态系统服务功能的研究，此研究涉及不同生态系统服务的驱动力、生态系统服务的影响机制、生态系统服务的空间格局、人类活动与生态系统服务之间的相互依存关系等(Costanza et al., 2014; De Groot et al., 2002; Egoh et al., 2007; Harrington et al., 2010)。与国外研究的视角相比，国内学者主要从区域角度评估了不同类型的生态系统服务价值，评估对象涉及森林、草地、水域、农田和海洋生态系统等不同区域尺度(Feng-Shou, 2018; Shang et al., 2018; Sacchelli, 2018; 傅伯杰等, 2017)。至于评估方法，除了使用包括质量评估等常规方法外，在土地利用覆盖变化背景下，基于传感和GIS技术的区域生态系统服务价值变化的研究也在逐渐增多(Grima et al, 2018; Mastrorilli et al., 2018; Zhang et al., 2018; Zinia & Mcshane, 2018)。例如，欧阳志云团队提出面向生态效益评估的生态产品总值(GEP)核算框架，建立核算指标体系和技术方法，基于遥感数据和统计数据以青海省为例开展面向生态效益评估的GEP核算研究，并对相关利益者进行分析，为决策者提供了重要的信息(宋昌素 & 欧阳志云, 2020)。在快速发展的城市地区，人口的快速增长、城市土地面积的无节制扩张以及社会经济的快速发展，对土地利用产生了重大影响，造成了保护地资产价值出现生态暴利、时空复杂化的变化特征(赵玉等, 2018; 肖洪未 & 李和平, 2016; 查爱苹, 2013)。定量准确地描述这个复杂过程的时空变化，并进一步揭示生态资产变化和不同土地利用类型之间的相关功能，有利于理顺区域生态经济关系，为区域生态保护和土地利用决策提供重要依据，在促进区域可持续发展与生态文明建设中发挥重要作用(于志鹏 & 余静, 2017; 赵颢瑾等, 2018; 严娟娟 & 黄秀娟, 2016)。

调查显示，影响支付意愿的因素包括社会经济特征、居民满意度、社会信任和对旅游保护区的了解这几个主要因素。经过初步的文献综述，发现关于社会信任因素与支付意愿之间关系的研究很少，主要集中在对地方管理的认可等其他社会因素上(Wang et al., 2018)。本研究将社会信任因素(对生态旅游在当地发展的支持程度)考虑在内，更全面地研究了社会信任因素与支付意愿之间的关系，从而在支付意愿层面为国家公园和其他保护区的管理提供指导(Wilkie et al., 2001)。

第 3 章 居民对社会生态转型适应性反馈机制构建

3.1 三江源国家公园近年相关政策和事件

我们回顾了 1994 年至 2018 年中国重大的政治、社会经济和政策事件、人类环境危害和重大的可持续发展计划(表 3-1)，以及三江源国家公园的政策和三江源事件纪事(表 3-2)。

表 3-1　国家相关政策、自然灾害和可持续发展计划纪事

政治、经济和社会政策事件	
时间	政策
R1：2017	中国共产党第十九次全国代表大会开幕
R2：2012	习近平在中共十八届一中全会上当选为中国共产党总书记兼中央军事委员会主席，李克强再次当选为中共中央政治局常委
R3：2008	北京奥运会
R4：2006	青藏铁路通车
R5：2003	宇航员杨立伟成功完成了神舟五号载人飞船飞行(中国首次载人航天飞行)
R6：2002	胡锦涛当选为中共中央总书记，吴邦国、温家宝和贾庆林当选为中央政治局常委
R7：2001	北京赢得 2008 年奥运会举办权
R8：1994	税制改革
当地自然灾害事件	
时间	事件
B1：2017	四川省九寨沟发生 7 级地震，造成 19 人死亡，263 人受伤
B2：2015	天津港爆炸，165 人死亡
B3：2013	四川省庐山 7 级地震
B4：2010	青海玉树地震
B5：2008	汶川地震
B6：2000	北京沙尘暴事件

（续）

当地自然灾害事件	
时间	事件
B7：1998	长江流域洪灾
B8：1997	黄河严重干旱
B9：1959—1961	中国大饥荒
可持续发展计划	
时间	措施
P1：2016	全长2309m、海拔318m的三峡大坝（三峡项目的核心项目）完成了最后浇筑，三峡大坝混凝土浇筑总量为1610万m^3，是世界上最大的钢筋混凝土大坝
P2：2015—2030	耕地质量计划
P3：2011—2020	草原生态保护计划
P4：2008—2020	石漠化治理项目
P5：2003—2023	防治土地退化伙伴关系
P6：2001—2050	野生动物和自然保护计划
P7：2001—2022	防沙治沙计划——北京/天津
P8：2001—2016	森林生态系统补偿基金
P9：2001—2015	快速增长和高产木材计划
P10：1999—2020	绿色粮食计划
P11：1998—2020	天然林保护计划
P12：1997—2020	国家土地整理计划
P13：1994	三峡项目启动
P14：1988—2020	农业综合发展计划
P15：1987—2020	防护林发展计划——五个地区

表3-2　三江源国家公园政策和纪事

三江源国家公园政策	
时间	政策
2018.8.25	三江源多个保护区签署《边界联合防务联合协定》
2018.4.1	正式批准三江源国家公园的两个省级地方标准
2017.6.9	《三河国家公园条例（试行）》将于8月1日实施
2017.7.13	《三江源国家公园条例》（试行）

（续）

三江源国家公园政策	
时间	政策
2015.6.7	科学规范管理三江源生态建设制定八项新规定
2015.4.1	《三江源区水生态补偿机制与政策研究》通过水利部审查
2015.2.26	青海省人大常委会关于修改《促进青海省生态文明建设的规定》的决定
2015.1.24	省政府发布了《关于在三江源国家生态保护综合试验区建立和管理生态管理检查人员公益岗位的意见》
2015.1.24	省政府发布了《关于进一步促进三江源地区易拆人口可持续发展的意见》
2015.1.12	深入观察：实现生态美与人民财富的有机统一
2014.10.24	《三江源农牧区清洁工程实施意见》
2014.10.24	青海省人民政府办公厅关于在三江源地区集中开展生态环境整治检查活动的通知
2014.10.24	青海省人民政府关于落实国务院关于做好玉树地震重建工作指导意见的安排
2014.10.24	青海省人民政府关于建立三江源生态补偿机制的若干意见
2014.10.24	《青海省草地生态保护补贴奖励机制实施意见(试行)》
三江源纪事	
时间	纪事
2016.4.30	三江源国家公园系统试点动员大会在西宁举行
2014.1.10	三江源生态保护建设二期工程启动会在西宁举行
2013.8.2	由国家档案局主办的三江源生态保护与建设一期工程档案全国验收会议在西宁举行
2003.1.24	国务院批准将三江源自然保护区升级为国家级自然保护区
2000.8.19	三江源自然保护区成立大会暨揭牌仪式

3.1.1 国家相关重大政策、自然灾害和可持续发展计划纪事

在20世纪50年代，干旱和洪水的复杂多重治理失败，20世纪80年代初的商品木材市场加快了森林砍伐的速度，使之超过了自然更新的速度，虽增加了重新造林的数量，但天然森林则继续减少。尽管中国政府已经启动了6个项目(P1～P6)来解决农村土地系统的危险状况，但在20世

纪70年代至90年代，随着总森林覆盖率的下降，天然林持续减少，从1949年的1.02km^2下降到1993年的0.67km^2，其余大部分森林都退化了，丧失了生产力。长江流域和黄河流域的水土流失面积为0.75km^2，造成主要的水质、沉积和洪水问题。但是，初期的努力并不能阻止这种趋势恶化(Bryan et al.，2018)，为了应对这种不可持续发展问题，1998年至2003年有7个主要的新计划(表3-1中P7~P13)，后期有2个项目(表3-1中P14)，重点是减少长江和黄河的侵蚀、沉积和洪水灾害以及减轻干旱北部和岩石南部的沙漠化和沙尘暴。中国通过大规模的综合投资组合来响应国家土地系统可持续发展的紧急计划，在这里，本研究审查了15个可持续发展计划。干预措施增加了中国农村土地制度的可持续性，但其影响是微妙的，或已经产生了不利的结果(Bryan et al.，2018)，本研究确定了该计划成功的一些关键特征、其可持续性以及未来的研究需求。

20世纪50年代的多重治理失败包括规划不善、农业劳动力向工业转移以及包括粮食在内的稀缺资源的枯竭和分配不足等问题。自20世纪50年代以来，政治和社会经济改革、人口快速增长、工业化与发展以及环境变化加速了恶化，最终导致了大规模的有关可持续发展的紧急情况。20世纪90年代后期发生的多种自然灾害促使中国实施了一系列旨在减轻土地和水的退化、保护森林和生物多样性、增加农业和林业生产以及减轻农村贫困的大型政策方案(Xu et al.，2006)。鉴于最近全球对《联合国2030年议程》下的可持续发展目标(SDG)做出的承诺，本研究对中国最近为遏制这一长期下降趋势和确保其土地系统的可持续性而进行的最新努力的综合报告是非常及时的。一些研究对中国更为普遍的计划，尤其是“绿色粮食计划”和“天然林保护计划”进行了深入评估，但是，其他针对荒漠化、草地、农业和林业的补充计划的研究却很少受到关注(Delang et al.，2016)，人们对中国土地系统范围内的可持续发展综合应对措施的全部规模和影响仍然认识不足。

近年来，中国政府与世界分享了其发展道路、经验和新的发展思路，为世界发展作出了重要贡献(Ma et al.，2023)。改革开放以来，中国作为世界上最大的发展中国家，长期以来一直在实行粗放的经济增长方式，主要依靠增加投资和物质投入，造成大量的能源消耗和资源浪费。快速工业化、城市化和发展，特别是空气、水和土壤的污染使中国仍然面临严重的环境问题。但是，其最近在土地系统可持续性方面进行转型投资的经验可以说明中国对如何应对未来的挑战有了丰富的经验，并为世界其他地区的类似实践提供宝贵的指导。长期来看，中国耕种的历史八千多年。新石器时代的居民占领了华北平原、黄土高原(旱地小米)和长江流域(湿稻)。随着时间的流逝，森林逐渐被砍伐用于农业，并被开发用于能源、食品、药品和材料(Le et al.，2010)。在公元1400年前，游牧放牧在北部扩大，生产力日益提高的耕作农业在南部进一步蔓延，从1400年到1750年，在农业扩张及商业、市场和贸易的促进下，中国人口增长了3~4倍，达到1.77亿(每年0.24%)，森林覆盖率约为24.2%。到1800年，人口增长速度加快(每年0.59%)，到1949年，人口增长达到约5.8亿，同时出现了新的环境危机(Ouyang et al.，2016)。低效率和不可持续的农业、放牧和伐木方式对自然资源，特别是农业和林产品的需求不断增加，导致土地广泛退化，包括侵蚀、沉积、洪水、伐木、盐碱化和荒漠化。熊、虎、豹、大象和许多其他物种已濒临灭绝；土壤养分耗竭限制了农业生产力；森林覆盖低于11.4%，木材稀缺(Delang et al.，2016)。

大规模的长期投资、政府对大型金融投资坚定不移的承诺(持续数十年)是实施改善土地系统可持续性计划的前提。中国的可持续发展紧急状况要求对解决贫困和环境恶化问题进行大规模和长期预算，中国的经验表明，要实现可持续发展目标，政府的大多数支出将需要逐步变化，使其与其他公共服务(如卫生、国防和教育)的支出更加一致，这种长期计划需要长期稳定的民主政府支持。对于许多国家而言，尽管技术(例如，自主重型机械)可能会提供部分劳动力替代选项，但公众参与以及劳动力的可获得性和成本也将成为改善土地系统可持续性的障碍。贫困和生活水平低下往往与严峻的环境恶化和/或自然灾害风险并存，监管控制与生态移民相结合被用作有效应急措施以迅速打破这一恶性循环，但是恶性循环经常引起社会经济和文化动荡。在中国最贫困和环境最恶劣的地区采取搬迁措施，仍然是可持续发展解决方案的一部分，尽管中国似乎正在减少其作为可持续发展干预措施的方式，收入的维持和多样化对于最大限度地减少可持续性干预措施转换的风险至关重要。支持农村劳动力向非农工作过渡的政策还可以通过减少家庭对农场获利能力的依赖和减少劳动力过剩来降低返工率，受可持续性干预措施影响而无法从土地上获得经济回报(例如，放牧禁令和森林管理)的家庭和尚未成功过渡到非农工作的家庭可能需要长期的收入支持或更大的寻求新工作的帮助(Cao et al.，2016)。中国对土地系统可持续性的追求代表了治理、政策和人类努力的显著成就，当前的证据表明，尽管有一些不利的结果，但中国可持续发展计划的综合投资组合取得了可观的总体成功，并为可持续福祉带来了可观的收益。然而，可持续性计划的具体影响常常被同时运行的多种社会经济、政策和环境因素的混杂影响所遮盖。例如，除了中国的可持续发展计划之外，经济发展、工业化和城市化在提高农户收入、减轻土地生计压力方面也发挥了重要作用。现在，中国在可持续性投资上飞速发展 20 年之后，中国需要对其计划的影响进行全面而稳健的定量评估，尤其需要使用因果方法在多个尺度上评估单个计划的特定可持续性成果，以开发可靠的事实，控制混杂因素，量化额外性和因果关系(Cao et al.，2017)。对中国可持续计划的分析结果表明，要想产生有意义的影响，其他国家必须开始考虑将可持续性视为可与教育和基础设施等其他服务媲美的长期、大规模公共投资。干预措施必须考虑可持续性挑战的复杂性，并针对关键的系统原因和杠杆作用点解决社会经济和环境反馈问题。这需要一个综合的资产组合，以解决土地系统的所有组成部分的可持续性，预测和管理土地系统中普遍存在的权衡取舍，并避免出现意外后果。计划必须以证据为基础，优先考虑具有成本效益的干预措施，并且注重随时间变化而适应各种事项和方法的变化。

3.1.2 三江源国家公园社会生态转型政策和纪事

本研究回顾了 2000 年以来三江源国家公园的可持续发展政策，通过查阅公开资料，系统梳理了三江源国家公园主要政策事件和可持续发展活动，并使用回顾性方法进行分析(Reid & Peng，1997)。

自 20 世纪 70 年代以来，气候变化和人为因素导致当地生态退化，到 70 年代末，三江源区域的草地情况变得越来越糟，时有 7 或 8 级大风发生。周围的湖泊和河流开始枯竭，草原不再存在，自 2006 年以来，整个三江源地区有近 10 万牧民离开了他们世代居住的草原。为了遏制三江源地区的生态退化趋势，自 2005 年以来，国家在地方生态工程上的投资超过 180 亿元，项目包括人工草木种植、草地病虫害防治等(Wu et al.，2020)。一批干部专家在此扎根，寻找生态修复的“良方”，取得了一定成效，至 2013 年底，三江源生态保护建设项目一期工程完成(Ma et al.，2023)。与 2004 年相比，三江源上游每年向下游输出 58 亿 m^3 的优质水，草地单产增加 30%。2014 年 1 月，投资规模更大、标准更严格的二期工程启动，截至 2018 年，与一期工程的实施成果相比，三江源地区的草地植被覆盖率增加了约 2%，森林覆盖率从 4.8%增加到 7.43%，水域所占比例增加速度从 5.7%降至 4.89%(Ma et al.，2020)。截至目前，三江源国家公园内有 17211 名持有证书的生态管护员，近 3 年来，省财政累计投入资金超过 5 亿元，家庭年均收入增加了 21600 元，生态管理与保护公益事业已实现

“一户一岗”(Yuan，2020)。

通过系统梳理这些政策，本研究发现地方政府对该地区自然资源的管理和控制是一个长期的过程(图3-1)，从2014年第一个环境补偿计划(青海省的草地生态保护补贴和奖励机制)开始，包括玉树地震灾后青海省人民政府的恢复重建工作、三江源地区生态移民项目、国家生态保护综合实验区的建立、生态管护员公益职位的建立，以及在2017年建立国家公园试点区等(Ma et al.，2020)，这些政策都促进了青海省的可持续发展。

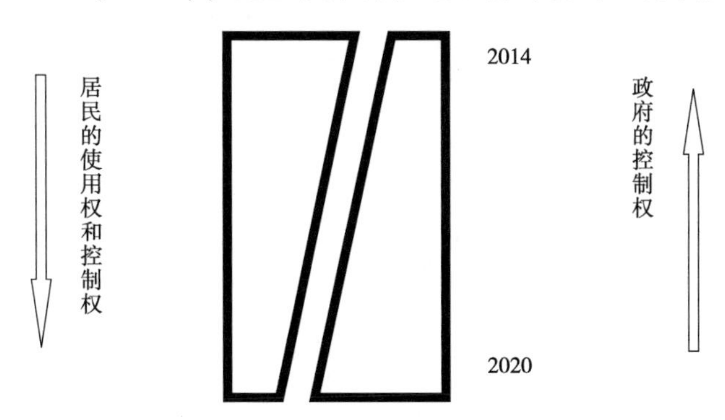

图3-1 三江源地区的控制权份额

调查发现，当地居民认为社会生态转型政策不会对大多数边缘化群体(被社会忽视或极少关注的群体，在本研究中特指藏族牧区的妇女和老人)产生实质性帮助，缺乏对女性责任的理解和特殊照料，在三江源国家公园范围内的边缘化居民不太可能获得可观的长期利益。在转型过程中，研究地点的男女都有可能获得生态管护员的工作，但是仍存在许多问题，阻碍了妇女的成功参与，例如，工作类型不是很丰富，缺乏适当的托儿机构。这是一个长期存在的问题，妇女对子女和家庭提供无偿照料的责任意味着她们通常不能像男人一样长时间地工作(三江源国家公园，2020)。尽管妇女在转型过程中面临挑战，但是她们仍认为转型是积极的，这也许是因为该过程使她们有机会赚取属于自己的工资。为妇女提供多种工作机会并建立托儿机构可能是一个好主意，另一种可能的方式是通过妇女自助小组进行有意义的转变。中国在国家公园中的经验可以帮助其他国家，从而为全球可持续发展作出贡献，这体现在联合国可持续发展目标上，来自中国项目的见解将产生有意义的影响，其他国家必须将可持续发展视为一项长期的大规模公共投资(Wu et al.，2020)。总结发现，中国不仅需要在必要时采取紧急、有力和果断的行动，以确保环境和人类的可持续性，而且还应为受影响的人们提供适当的社会经济和文化支持。

3.2 三江源国家公园社会生态转型政策适应性评估指标体系

由于本研究以感知研究为切入点，探讨影响不同类型居民对于环境政策适应性评估的因子，以及以感知为基础形成的态度，所以在对其影响因素分析过程中主要从心理、人口特征等相关因素进行分析。

(1)心理因素

在对于政策的评估过程中，不同利益相关者的心理因素，如感知、心境、情感、态度、价值观等，会对其政策适应性评估产生重要影响。态度指的是人们在认识或者行为上相对较为固定的一种倾向，主要受感知和情感影响。情感因素不仅仅包括短时间所产生的愉悦、愤怒、哀伤等情绪体验，还包括一种长期且稳定的归属感。而感知是一种最直接、最本能的心理活动，是对于环境政策适应性最原始的认识和评价，是形成态度的基础，也是影响态度形成的最为活跃的因素。在本研究中，主要侧重于对于感知的测量，在对环境政策不同维度的适应性感知评价分析基础上，结合情感因素、社会因素等进行后续分析与讨论。

(2)人口特征

研究对象的人口特征变量，例如年龄、性别、受教育程度、职业、收入水平，甚至居住地点等都会对其感知活动产生重要影响。因此，在相关研究中都将人口学特征变量作为重要的研究变量进行分析，尤其是年龄、性别等建立在人口最基本自然属性上的变量因素，不仅会从生命活动过程和生理上直接影响利益相关者对于环境政策的感知，还会通过影响其社会角色、参与能力等间接影响其对环境政策可持续性的感知。

3.2.1 社会生态转型政策适应性评估维度

本章所有指标的数据包括两方面来源，即官方数据与基于不同主体的调查统计数据。在具体评估过程中并非对两种数据进行加权综合，而是进行对比研究。本研究在获得官方和非官方(基于不同类型居民视角)数据基础上，从生计、政策、结果和态度这 4 个维度对基于不同数据的环境政策适应性评估结果进行对比分析，以期发现影响不同类型居民对政策和管理适应性评估，即影响认可程度的因素是什么，进而对自然保护地环境管理改进提供建议，并预测在现有管理模式和政策体制下不同主体对其适应性认知状况会对未来国家公园的管理与发展产生何种影响。

3.2.2 社会生态转型政策适应性评估指标体系构建方法

国外环境政策的评估以对比分析为主，采用定量分析的方法，通过对具体项目实施前后各项指标的比较来判断政策效果，也有研究通过构建评估指标体系进行评估。在构建指标体系过程中，对于指标的获取主要采取两种方式：调查和统计数据。

选取的适应性指标在保证测量方法的科学性基础上，能准确表达出适应性的内涵，具有数据的可测量性和易获得性；同时，具有可理解性和简明性，在适当的时空尺度具有区域可比特点。通过文献综述，根据以上原则对三江源国家公园环境政策适应性指标进行选取，力求使整个评估过程做到公正、客观、准确、可靠，以便为后续研究打下基础。科学性原则是所有指标研究建立指标体系的基本原则，在本研究中指的是所选指标能准确反映适应性环境政策的基本特征，并科学、准确地反映环境政策适应性四个维度的具体指标和变化。实用性原则指的是尽可能构建既能客观反映客体的无带量纲的指标以克服在指标比较、合成以及量表分析、模型构建时产生的问题，同时尽量选择定量指标，对于某些无法定量表示的特征，需要考虑构建相对合理且可获取的替代指标。在进行环境政策适应性指标选取过程中应考虑到不同自然保护地之间的差异以及不同管理模式和政策系统，对相似自然保护地进行类比，总结出可以反映某一类自然保护地环境政策系统特征的指标。同时，应该注意的是，这些选取的指标都必须是从不同类型居民的感知出发来把握的。虽然对于自然保护地环境政策系统而言，其自然资源及环境变化具有一定的稳定性，甚至在某一时间段内稳定性很强，但对于其他子系统，仍具有较强的动态性，例如社会经济子系统的内部结构和相关主体会随着时间变化产生较大变动。子系统的变化必定导致上一级系统的动态变化，因此，作为典型动态变化系统的自然保护地环境政策系统，其指标选取和体系建立必须包含可以反映系统动态性的指标。

三江源国家公园试点是一系列政策改革中的最新举措，其旨在扭转数十年来不可持续的发展现状，对三江源国家公园的生态适应性指标的选取是建立在生态质量评价标准基础上的；生计适应性指标选取则建立在SES框架和三江源国家公园内社会、经济和政治环境以及相关的生态系统的基础上。对于自然保护地环境政策适应性的考量和评估，不应仅仅局限于经济数字的增长或自然资源的保育，而是应该进行综合性的评估，包括保护区内自然生态系统和社会生态系统的协调性、资源利用持续性、环境的稳定性以及区域发展的平衡性。因此，在指标选取的过程中需要做到：

(1)指标概念明确，有一定的科学内涵，能客观、明确反映自然保护地环境政策系统和功能状况。

(2)有广泛代表性，与评估目标关联紧密。不仅能反映三江源国家公园主体特点，同时可以应用到相似的自然保护地环境政策系统的评估研究中。

(3)根据相关评估研究中指标越多，模型越复杂，解释力越差的原则，指标选取力求简化，易于获取、记录和解释。

(4)动态性原则，生态—经济—社会效益的互动发展需要通过一定时间尺度的指标才能反映出来。因此，指标的选择要充分考虑到动态的变化，应该收集若干年度的变化数值。

3.2.3 社会生态转型政策适应性感知指标筛选

根据科学性、简明性、可获取性的原则对我国政府及相关国际组织开发的指标进行筛选。综合国内外文献研究中的论述进行筛选，挑选出使用频率较高、描述性较好的指标集。根据自然保护地环境管理的特征、基本要素、功能以及社会经济条件、主要问题等，选择针对性较强的关键指标。据此，确定生计、政策、结果和态度指标集后，对指标进行转化，将各个指标调整为问卷调查中具有可操作性的变量指标。

在指标构建过程中，以官方数据为主要的指标构建参考，而基于不同主体的调查数据则是在对官方指标进行整理、转化后的具体变量指标数据的形式进行分析。其次为已有科研文献中的指标体系，包括一些国际组织制定的针对环境政策评估、可持续发展评估指标体系以及相关学者对指标体系构建的探讨，尤其是本研究中涉及的一些地方尺度、政策评估、可持续性评估领域的已有研究成果，对本研究有相当大的参考意义。本研究在比较研究的基础上，对不同评估指标体系进行对比分析，在不同指标中比较相似性和差异性，并根据研究需要进行指标的最终确定。但如前文所述，本研究主要是集中于大尺度指标体系的构建，在进行小范围评估研究中，其适用性大打折扣，因而需要在对指标体系借鉴的基础上进行筛选和调整。基于以上原因，本章在指标体系构建过程中更多借鉴了相关研究中的指标体系构建。

第 4 章 社会生态转型政策适应性感知影响因子研究

本研究考虑了中国三江源国家公园地区对于社会生态转型已经发生并将继续发生的两种变化类型的反应。在这种情况下，中国政府的生态文明政策所设想的社会生态转型正在不断发生变化，而2010年的玉树地震则是突然的短期冲击。从这个角度来看，可以将适应性视为长期适应三江源地区实施的新生态文明政策成功过程的指标，而灵活性则可以衡量该地区人们对玉树地震造成的紧急情况的短期反应方式。

在过去的几十年中，许多学者使用了SES框架来解决动态和多标量系统中政策分析的固有复杂性。但是到目前为止，鲜有研究使用SES框架来考虑对短期冲击的弹性和对长期变化的适应性。持续的经济增长需要生态系统管理和创新方法来实现中国的生态文明目标。如上所述，本章在中国三江源地区的背景下，考虑了社会生态转型政策的短期冲击和长期变化。

本研究以三江源为例，说明中国政府为了扭转数十年来环境恶化趋势以及维持受影响人口的生计，在建立政策方法时所面临的挑战。本研究将这种政策演变视为社会生态转型的一个例子，首先介绍一种基于奥斯特罗姆(Ostrom)的社会生态系统框架而衍生出的生态文明模型(Olsson et al., 2004)。然后，从受影响的当地社区的角度对社会生态转型政策进行分析。由于这种大规模的社会生态转型带来的收益和挑战分布不均，因此与其他地方相比，国家公园内的社区和居住在这些地区以及附近的原住民可能对社会生态转型的发生更加敏感(Langton & Mazel, 2008)。基于此假设，本研究对居民的福祉、政府机构和生态环境趋势进行了评估，考虑了在区域背景下生态转型政策对居民适应性的不同影响。在案例研究站点中进行的137次家访，以衡量这些事件相对于国家政策目标是如何影响人们生活的。尽管在其他情况下已经对社会生态转型进行了深入研究，但针对中国国家公园社区的研究仍处于起步阶段。在特定的本地环境中对社会生态转型进行建模和评估，目标是促进中国整个自然保护地和居民生计的可持续发展。

4.1 社会生态转型政策研究方法

4.1.1 数据来源

2018年7月和2018年8月，笔者和2位藏语翻译收集了家庭信息的整个数据集。研究人员设计了问卷调查表，其中涉及31个问题，涉及家庭构成、经济和自然条件、政府利益、环境变化意识和政府政策。根据户口本记录住户的年龄、性别和教育水平以及住户人数。澜沧江源园区涵盖杂多、墨云、查旦、扎青，阿多和昂赛等19个行政村，根据可行性和代表性原则，本研究选择的4个研究区，即扎青乡、格桑小镇、生态移民区和昂赛乡，都是杂多县政府的周边地区(表4-1)。2018年7月在三江源国家公园澜沧江源园区内核心社区进行的面对面随机抽样问卷调查及半结构访谈问卷是在夏季进行的，当时当地的许多藏族居民在夏季牧场放牧，不在家里，当地居民生活分散，因此在有限的调查时间内仅采访了137个当地家庭，并用手工和录音机记录了他们的回答。共包括4部分：以不重复方式发放针对社区居民的137份随机调查问卷；23份针对扎青乡半结构访谈问卷；20份针对生态移民的半结构访谈问卷。24份针对格桑小镇半结构访谈问卷；32份针对昂塞乡半结构访谈问卷。记录对数据表的所有答复后，排除了38条不完整的记录，其中有效问卷99份，回收有效率72.30%，并在分析中使用了99条完整的记录，信息由户主提供。政府译员仅扮演翻译角色，研究人员尝试对样本进行分层，以代表不同类型的家庭或户主(例如，按年龄、性别)。

表4-1　调查乡镇概况

地区(县)	乡	说明	时间
澜沧江源园区内杂多县	扎青乡	大庆村和战斗村都属于扎青乡，居住在大庆村和战斗村的所有居民都是当地居民，而不是生态移民	2018
	生态移民区	生态移民区是杂多县各乡镇的生态移民安置区	2018
	格桑小镇	格桑小镇是玉树地震后萨胡腾镇闹丛村村民的灾后重建安置点，格桑小镇属于闹丛村的边界	2018
	昂赛乡	是牧民的故居	2018

注：乡镇政府居民的周围地区是每个乡镇和村庄的灾后重建和安置地点，一些居民同时住在牧场和乡镇政府周围的居民区。

4.1.2 方法

本研究以我国典型的保护地三江源国家公园试点区为例研究了在保护地类型和国家生态保护转变过程中农牧民的反应(家庭层面的关键概念——生计、政策、结果和态度)，在分析中引入了社会生态系统框架和计划行为理论作为家庭/地方层面的适应策略。本研究提供的框架借鉴了SES框架以及计划行为理论(Chen et al.，2014；Dunford & Li，2011)，社会、经济和政治环境以及相关的生态系统为社会生态系统提供了整体背景，在这种情况下，政策变量和家庭反应定义了具体的行动情况。图4-1是为分析三江源背景下的异质家庭环境而开发的SES模型的具体版本，该模型是一个与生计、政策和态度相关的框架，侧重于直接影响环境感知结果的特定家庭层面过程，是对政府和家庭幸福感的评估。中国的这一地区具有特殊的社会生态和制度特征，这些特征决定了整个环境。在这一背景下，3个政策变量似乎对继续生活在该地区的个别家庭影响最大：生态管护员、流离失所牧民的草地补贴和玉树地震地区人民的重新安置，一些家庭还获得了搬迁到附近城镇的支持，并获得了野生动物对房屋、牲畜和人造成损害的赔偿(Zhu et al.，2019)，家庭在态度和生计策略上对行动情境做出反应。该地区的住户访谈显示，最依赖当地环境的两种生计策略是放牧和采集冬虫夏草(*Ophiocordyceps sinensis*)。行动情况的结果体现在经济福祉、家庭健康和物质财富、对环境退化或改善的未来预期以及对地方政府和村委会的评价等方面。本研究通过家庭健康状况和经济状况来衡量当地

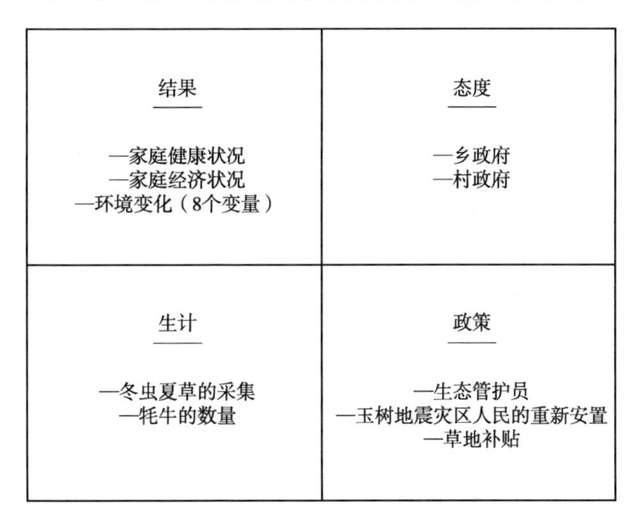

图4-1　家庭生态文明模式关键要素调查的工作框架

家庭的幸福感，如若两者都处于良好状态的话，那么判定此家庭幸福感是较好的。如图 4-2 所示，3 个政策工具：生态管护员、对流离失所牧民的草地补贴和玉树地震灾区人民的重新安置是地方政府用于支持社会生态改造、重新安置和自然资源损失的政策工具。当地政府用这些政策手段支持当地居民，以换取居民放弃对该地区自然资源的使用，例如放牧和在牧场上长期居住。当地居民对当地环境变化的感知是政府生态转型政策生态影响的一个指标。通过当地居民对政府的满意度和对当地环境的感知，得到了对国家公园试点项目的地方性评价，以此作为中国生态文明建设的范例。该框架的主要贡献是明确考虑了对短期冲击的复原力和对长期变化的适应性。在确定的 4 种配置中，即生计、结果、态度和政策，具体而言，假设：

假设 1 表示生计对结果有显著影响（包括家庭经济、健康和环境健康变量）；

假设 2 表示社会生态转型政策与居民生计正相关；

假设 3 表示居民对转型政策的态度与个人参与之间存在显著的正向互动关系；

假设 4 表示人口特征与生计、结果、政策和态度有关。

玉树地震前后，居民居住区域的名称和划分有所不同，根据地震后的村庄，向每个家庭提供了村庄代码。记录了草地补贴金额、收集的冬虫夏草的数量、挖冬虫夏草的家庭成员的数量、拥有的汽车数量、拥有的牲畜数量、是否有生态管护员以及居住时间。经济状况和家庭状况是根据对住户的描述从最坏到最好来创建的。关于生态、环境和社会问题、生态和环境问题的类型，对生态、环境保护、空气、水和土壤质量以及健康状况变化的认识，对生态干扰的认识、补偿政策、老鼠的影响、环境保护采取的行动，对政府级政策的支持和对村级政策的支持，都根据住户的描述从负面反馈到正面反馈进行了分类。由于相关性很高，因此计算出的空气、水和土壤质量以及健康状况变化的平均意识可以代表住户对环境和健康状况变化的意识。所有这些变量都在 R 3. 5. 1 中进行了相应的编码以进行建模，其均值和标准差如表 4-2 所示。

实现性别平等、为所有妇女、女童赋权，是 17 个联合国可持续发展目标之一，社会生态转型政策的目标应考虑妇女和老年人等边缘化群体的福利，政府政策是否照顾到边缘化群体的福祉，是衡量政策有效性的重要依据之一，所以，本研究在计量模型中将女性和老人作为了重要的自变量。实现性别平等是实现包括消除贫困在内的其他千年发展目标的“前提”。如果得到授权，妇女的发展也将促进社会的进一步发展，并将开始良性循环。

表 4-2　家庭变量的描述性结果

变量名称	描述	平均值	标准差	范围(最小值~最大值)
年龄	户主年龄(岁)	47.1	15.0	21~82
家庭人口数	家庭成员人数	5.1	2.1	1~11
冬虫夏草数量	家庭每年收集的冬虫夏草数量	1194	971	0~6000
放牧牦牛的数量	家庭饲养的牦牛数量	6.9	14.9	0~65
草地补贴	每户每年实际收到的补贴金额，以人民币计	3806	3039	0~16000
平均感知	对空气、水土壤和健康状况的平均标准化感知	0.65	0.31	-0.5~+1.5
经济条件	根据调查的经济状况	-0.57	0.86	-2~+1
家庭健康状况	根据调查的家庭身体状况	-0.98	1.04	-2~+3
政府问题	政府问题的满意度	0.51	0.86	-1~+1
乡村问题	乡村问题的满意度	0.42	0.90	-1~+1

注：性别、生态管护员和格桑小镇是分类变量，代表住户的性别(男性或女性)，某些房屋成员是否为生态管护员以及家庭是否位于格桑小镇。

在这里，需要注意的是，只能在此分析中考虑相关性，而无法确定变量之间的明确因果关系，因为：受访家庭总数相对较小，难以在分析中包含多个解释变量，从而导致缺少变量偏差；更重要的是，没有外部变化的特定来源，无法清楚地识别特定的统计关系。本研究的模型描述了生计、政策、结果和态度之间的反馈机制，从计量经济学角度来看，这些反馈是内生性的来源。

因此，在本文中，着重研究许多“结果”变量与许多决定因素之间的相关性。本研究做出两个关键假设，第一，假设受访者能够表达他们对当前的福祉、对政府当局的满意度以及对当地环境状况趋势有意义和诚实的看法。第二，假设这些结果变量受其人口统计学特征以及他们参与生计活动和政府计划的影响。在逻辑回归分析中，8 个变量被视为因变量。如图 4-1 左上角所示，2 个因变量被认为是当前幸福感的指标：①家庭经济状况；②家庭健康状况。1 个变量被认为是环境质量的指标，是生态文明的另一个支柱：⑤⑥⑦⑧对环境变化的平均感知。另外两个因变量是：③对乡政府的满意度和④对村级政府的满意度。对于经济和家庭健康状况，逻辑回归分析包括以下几组解释变量：人口统计(年龄、户主性别、家庭成员人数和受教育程度)，自己的生计来源(挖冬虫夏草的人数和放牧牦牛的数量)，政府生计来源(草补贴、生态管护员)和对政府的支持(对补偿政策的了解、对乡政府政策的支持以及对村级政策的支持)。当对乡政府和村级政府的满意度作为因变量时，解释性变量包括政府生计来源、环境感知和家庭收入来源这些变量集。对于环境感知变量，解释变量是来自政府的收入来源、本人收入来源以及对政府政策的理解。

4.2 研究结果

表4-2和表4-3给出了这项研究的回归分析结果，为每个自变量给出了估计的系数和标准误(在圆括号中)，并且*表示模型中相应的自变量的$p<0.05$。模型1从人口和社会经济学的角度测试了家庭主妇的性别、房屋成员的数量、家庭收集的冬虫夏草数量以及家庭饲养的牦牛的数量如何影响家庭经济状况。对于模型1，性别和冬虫夏草数量是重要的自变量，而家庭人口数和牦牛的数量不是。女性家庭的经济条件明显比男性差，而家庭获得的冬虫夏草数量越多，其经济状况越好。模型2从人口和社会经济学的角度测试了户主的年龄、性别、冬虫夏草的数量和补贴的数量，以及家庭成员是否是生态管护员，如何影响家庭的健康状况。对于模型2，年龄和性别是重要的自变量，而其他3个变量则不重要。老年和女性家庭住户比年轻人和男性家庭住户的身体状况更糟。模型3测试了户主的年龄、饲养的牲畜数量、是否有生态管护员、是否属于地震重建区、对环境健康状况的平均标准感知如何影响对乡政府的满意程度。对于模型3，年龄和环境状况平均标准感知显著，而其他3个变量则不显著；年龄较大的家庭对政府的态度更消极；对环境状况平均标准感知程度越高，其对政府的态度也就越积极。模型4测试了家庭经济状况、是否有生态管护员以及是否属于地震重建区如何影响住户对村级政府的满意度。对于模型4，地震村对村政府的态度更为积极，而生态管护员和经济状况对村政策的态度则没有影响。模型5到模型8测试了不同类型变量对空气、水、土壤和健康状况的平均标准感知的影响。模型5测试人口状况，即性别、年龄以及是否属于地震重建区；模型6以收集的冬虫夏草数量和饲养的牦牛数量为代表测试经济状况；模型7根据补贴测试政府的支持因素，以及一些家庭成员是否为生态管护员；模型8测试了居民对乡政府和村级政府的满意度。对于模型5至模型8，环境状况平均标准感知不受性别、年龄、是否在生态移民区、冬虫夏草数量、牦牛的数量、草地补贴和是否是生态管护员的显著影响。当以“政府问题”和“乡

村问题"为模型时，只有中立的政府态度与对环境状况平均标准感知的负面态度有显著不同的影响，因为具有中立政府态度的家庭倾向于表现出较高的环境状况平均标准感知。

表 4-3 和表 4-4 的假设检验结果表明，家庭经济与生计、环境健康与生计的关系不显著；H4 完全被采用；H1 和 H3 部分采用；生态管护员和草补与态度的关系也不显著；H2 被拒绝。

表 4-3 经济状况、家庭身体状况和健康状况的多元逻辑回归结果

	经济状况	家庭健康状况	政府问题	乡村问题
年龄		-0.0255 (0.0103)*	-0.037 (0.018)*	
性别	-2.48 (0.92)**	-1.87 (0.0129)*		
家庭人口数	0.0405 (0.105)			
放牧牦牛的数量	0.0284* (0.0148)		-0.00536 (0.01645)	
草地补贴		-0.0000698 (0.0001564)		
生态管护员		-0.604 (0.401)	-0.264 (0.522)	-0.131 (0.465)
格桑小镇			1.41 (0.87)	2.29 (1.07)*
对环境的感知			1.80 (0.79)*	
经济条件				-0.00683 (0.2688)
变量	99	99	99	99

注：0.05<p<0.1 表示显著性水平，* 表示 0.01<p<0.05，** 表示 0.001<p<0.01，*** 表示 0<p<0.001。

表 4-4 居民对空气、水、土壤和健康状况的平均标准感知的线性回归结果

	模型 5	模型 6	模型 7	模型 8
性别	0. 015 (0. 134)			
年龄	0. 000566 ** (0. 000215)			
格桑小镇	0. 0413 (0. 0781)			
冬虫夏草数量		-0. 0000528 * (0. 00003287)		
放牧牦牛的数量		-0. 00122 (0. 00214)		
草地补贴			0. 0000034 (0. 00001042)	
生态管护员			-2. 49 (6. 45)	
政府问题				0. 113 (0. 053) *
乡村问题				0. 026 (0. 051)
变量	99	99	99	99

注：$0.05<p<0.1$ 表示显著性水平，* 表示 $0.01<p<0.05$，** 表示 $0.001<p<0.01$，*** 表示 $0<p<0.001$。

4.3 讨 论

(1)与政府保护政策有关的收入来源(生态管护员和草地补贴)与受访者的经济状况无关，未达到显著水平($0.05<p<0.1$)；受访者对其家庭经济状况的评估与他们的生计活动强度(牲畜数量)呈正相关，达到显著水平($0.01<p<0.05$)。

看来与国家公园有关的新收入来源不足以维持良好的经济状况，依赖自然资源产生的收入来源仍然很重要。但是，不断增加的采集压力(挖虫草)提出了关于这些经济福祉来源的可持续性问题。冬虫夏草已经收集了数个世纪并且仍然很普遍，这一事实证明了其具有复原力，但是由于缺乏冬虫夏草的收成研究，因此无法明确回答能否持续将冬虫夏草维持在当前的繁殖水平（Hopping et al.，2018；Winkler，2008）。

（2）以女性和老年居民为户主的家庭，受访者对家庭健康状况的评价较低，达到显著水平（$0.01<p<0.05$）。

边缘化群体认为自己身体状况不好。在这种情况下，需要更多的研究来充分理解不良健康的含义，尤其是要认识到藏族文化决定特定健康综合征的方式。文化约束综合征是指与文化背景有关的综合征，通常是某些地区的某些种族或人群所特有的。特定的综合征可能是由于藏族居民的身体、心理、精神、宗教信仰、营养、生活方式或行为等原因而发生的，例如藏族“龙”的概念，在中国传统上通常翻译为“风”。讨论对身体的认识不仅在文化层面上重要，从哲学或历史的角度来看，也有重要的实际影响，这在全球时代尤其重要（Yoeli-Tlalim，2010）。政府政策是否有助于边缘化群体，与社会生态转型政策的目标是否考虑妇女和老年人等边缘化群体的福利有关。

（3）年龄与对环境状况的感知显著（$0.001<p<0.01$）；年龄较大的家庭对政府的态度更消极（$0.01<p<0.05$）。

看来老年居民可能需要社会和政府的更多照顾。值得注意的是，老年居民对政府相对不满意，但对环境有积极的看法，这可能是因为他们怀念在草原上的生活方式，他们对草原有着深厚的感情，多年来，他们目睹了草原质量的变化。关于环境比以前更好的解释，并不排除情感因素的局限性。他们因被迫搬迁对政府不满意，因为他们没有选择进行社会生态转型的途径。换句话说，这些都是随着发展而重新安置的过程（Dickinson & Webber，2007）。社会生态转型的某些方面带来了发展，但也带来了变化（Dickinson & Webber，2007）。

在这种情况下，将草地的一部分设置为牧场娱乐场所可能是促进老年牧民福祉和满意度的可持续方式（Wu，2013）。在调查中，受访者反复提到他们现在的生活没有以前那么快乐，强迫转型表明政府政策并没有改善他们的财富，政府政策是否在其他方面改善了他们的生活？政府的经济补偿计划如何影响人们的生活？结果表明，位于地震安置区居民的环境意识越高，对地方政府的看法就越积极。态度是影响个人行动意愿的关键因素，由此可见，地震灾区居民对于当地村委会感到非常满意。破坏性地震可能使幸存者失去家园、失业和丧失基本经济安全，灾难会严重损害一个国家或地区的劳动力供应，因此，重建的主要任务是提供住房、计划劳动力市场并创造就业机会。遭受地震袭击的居民对政府的满意度反映了相关政府政策的有效性(Walker & Meyers，2004)。

考虑不同类型的动机以及这些动机如何受到政策影响可能会很有用，支付环境费用(草地补贴和生态管护员)是鼓励人们行为的一种“外部”动机，但是人们也有很强的“内在”动机，这源于他们自己的价值观，一些内在动机可能与文化和传统有关。政府希望他们可以使用外在动机代替内在动机，这在一定程度上是可能的，但是政府也应该考虑保持内在动机避免其“挤出”的方法，因为某些形式的外在动机可以挤出内在动机(Kaczan & Swallow，2019)。

(4)大多数受访者认为，环境改善与他们对政府绩效的满意程度成正比($0.01<p<0.05$)。

本研究发现居民对地方政府的看法与环境质量之间存在双向的积极反馈。环境和政策的变化是一个漫长的过程，因此不代表政府在开发国家公园方面的当前行动产生了效果，还可能是在建立国家公园试点之前实施的一系列其他政策发挥了作用。此外，大多数环境退化不是立即可察觉的，而是缓慢且逐步的生态破坏的结果。另一个是认知障碍，与人们的感知相比，环境变化非常缓慢，人们比较擅长感知急剧变化和突然变化，但通常无法感知缓慢变化和逐渐变化。正如非洲谚语所说，在许多方面，人们就像青蛙在著名的实验中一样：当将青蛙放入热水中时，会立即跳出，而当将青蛙放入冷却水中时，会无动于衷，缓慢加热后，它们没有反应并被煮沸致死。大多数环境问题极为复杂和严重(Liang & Cao，2015)，但是，人们经常无法理解这样的复杂系统，而倾向于简化它们并进行线性思考，这可能导致对环境问题的严重程度的低估，一般而言，对环境退化的认知局限性严重损害了人们的情感表达和行动意愿(Fang，2013)。

居民感知到的环境变化是判断三江源国家公园社会生态转型是否成功的重要因素。社区管理者应探索相关的公众意识和教育措施，并培养居民对社会生态转型的积极态度。此外，根据这项研究的结果，当地居民与环境之间的情感依恋和心理认同使他们对政府的态度产生了显著的积极影响。因此，管理者可以制定相关策略，维护政府与居民之间的情感联系，建立忠诚的“可持续居民”群体，并依靠情感维护来激发居民自发的保护环境行为，从而促进三江源可持续发展的管理创新。

4.4 小　结

社会生态转型对于增强人类管理生态系统可持续性的能力至关重要，

行为者之间的适应性需要加强，并使其适应未来的变化和不可预测的事件(Olsson，Folke，& Hahn，2004)。因为哈丁的公地悲剧，在此之前人们认为要么通过国有化，要么通过私有化来解决。奥斯特罗姆提出自主治理是另外一种可能克服公地悲剧的思路，而且在理论上进行了论证，用全世界的经验案例来证明：实践中有很多“公地”并没有发生悲剧，存在很多长期可持续的社会生态系统，所以这是一个重要的学术贡献(Walker et al.，2004)。本研究以我国典型的保护地三江源国家公园试点区为例研究了在保护地类型和国家生态保护转变过程中农牧民的反应，结果如下。

(1)对生态冲击的反应：地震区居民对政府重新安置玉树地震幸存者的努力表示赞赏(居民对生态冲击的反应是乐观的)。

(2)居民的经济状况取决于他们通过自然资源产品(如虫草采集和放牧)产生的收入，一系列社会生态转型政策似乎对居民的经济适应性并未产生突出贡献。

(3)边缘化群体的适应性：妇女和老年居民往往对政府持怀疑态度，经济和健康状况较低(边缘化群体的适应性并不乐观)。

今后，将继续扩大对居民与保护区环境政策的适应性互动机制的评价研究。由于类型多样，中国的保护区可能需要实施不同的政策工具，以增强边缘化群体的福祉稳定性和可持续性。这些工具是否促进公平和效率的问题将在以后的工作中讨论。

本研究致力于使用通过SES框架开发的生态文明模型来分析家庭在社区尺度上对生态冲击和社会生态转型政策反应的异质性，这可能有助于解决中国其他自然保护地和国际环境中的类似问题。另外，生态文明模型在中国国家公园以及在青藏高原游牧文化地区的应用，提升了SES理论框架的全面性。

第 5 章 国家公园共同管理方法公平性评估

目前全球人口超过 76 亿，到 2100 年预计将超过 110 亿，这期间人类长期消耗的资源远远超过星球所能提供的，人类的消费方式和所产生的浪费无法被世界自然系统所接受。简而言之，人类对自然资源的利用已经超出了自然的再生能力。现在，世界上几乎所有国家都同意可持续性发展的观点，通过了一系列全球目标(如联合国第 70/1 号决议，改变我们的世界，2030 年可持续发展议程)，已将 17 个全球目标进一步发展为 169 个目标，将共同努力在未来 12 年内实现这些目标。为此，需要所有政府、私营部门、民间社会和公民共同发挥作用。目前，在原则上达成全球可持续性观点并得到许多国家承诺之后，还面临一个重要问题——规模。谁将是赢家，谁将是输家？特别是，任何一方都不应仅通过成本外部化来促进“地方可持续性”，更不应通过在地理区域之间不公平地转移环境或发展负担来实现“区域可持续性”，尤其是当负担被转移到功能较弱、偏远地区或人口身上。因此，多方利益相关者对话以及包容性决策过程和治理安排至关重要。

随着区域和国际连通性的提高，这些方法在一个地方被采纳和做出的决定会影响社区和在其他地方的情况，通常远远超出了最初的预期领域或重点领域。另外，仅以可持续发展为导向的目标很少驱动所有决策。政治、经济和环境因素带来了权衡取舍。因此，最多可以希望获得科学知情的决定(即使不是基于事实的决定)。尽管如此，从经验中学习，然后将所学到的教训吸纳到发展过程中，才是最重要的价值。

鉴于中国日益增长的影响力和地理覆盖范围，该如何处理自然资源的治理和管理以及其拥有的机制，本研究考虑了近年来为实现保护和可持续发展而采取的措施。为了持续增加总体可能性，只要花费时间和资源，中国就有希望取得成功。在中国境内，青藏高原占中国领土的四分之一，并在国内和国际上提供许多好处，特别是在亚洲主要河流上游的生态系统产品和服务方面。公认的是，这些广阔的高海拔山地景观就是价值，备受高度重视。保护自然环境不仅取决于对自然、生态或地球系统的了解，还取决于对民生和自然资源的人类或社会方面的正确理解，包括由谁来决定如何使用资源治理和如何使用资源管理。如何使用和保护青藏高原的自然资源，包括出现社区保护计划和发展受保护的网络，基于这些经验，中国目前正在建设第一批国家公园。青藏草原是世界上最重要的放牧生态系统之一，广泛分布藏区草原和高原山脉，这些草原是许多亚洲主要河流的水源地，全世界约40%的人口或多或少受这些河流影响。青藏草原也支持动植物的独特组合，包括许多稀有和特有物种。近年来，各种政府政策已经被应用于保护生态和中国草原的生物多样性，但是，人们越来越担心全球经济形势会盖过新兴的保护议程。

本章旨在跟踪过去几十年中国西部新兴保护区的保护措施和当地社区的发展，学习一些重要的经验教训，以有利于将来的管理和规划。中国如何与当地社区互动，如何寻求平衡重叠的需求并采取环境行动，以及自然和人的利益如何，不仅会影响短期保护投资的回报，而且会影响长期投资的可行性、可持续性项目和计划。从中国“三江源”吸取的最新教训可能远远超出了保护区(国家公园或其他地区)的适用范围，并且应包括景观保护和中国西部保护的发展战略。本章使人们更加了解环境管理和外界保护方面的最新经验，并使中国与区域和全球可持续发展的联系更加清晰。

此外，本研究提出了一个科学问题：建立国家公园能否对公园内外的环境和居民的生活产生有意义的改善？在四个研究地点使用定性研究设计，并致力于通过涉及两个关键数据的研究结果来回答这些问题。首先，回顾了中国自1994年以来在国家一级实施的可持续发展政策和计划，以及三江源国家公园地区的政策和重大事件，以了解该政策的主要目标。然后，在黄河源国家公园和澜沧江源国家公园内外的案例研究地点进行了12组重点访谈，以探讨建立国家公园对公园内外居民的异质影响。根据实地访谈的可行性选择了研究地点，该分析以独特的方式为有关三江源国家公园的社会和生态转型政策作出了贡献，提供了从深入的定性研究中获得的证据，本着批判人种学传统的精神，从当地人在研究地点的观点和经验(主要观点)获得对政策的深入理解(最好的理解方法是从内部了解)。本研究的贡献在于并不主张孤立特定因素或成功指标，相反，提供政策最终用户的“主观声音”作为证据(例如，农村地区的社区成员)，以及提供对这些地区的当地情况和政策实施方法有深刻见解的地方官员。Pani和Iyer(2015)指出“本地流程通常可以通过以下方式更好地捕获详细的定性分析”，这就是本研究在这里所做的。因此，这项研究增加了有关多维微观分析的新兴文献。使用这种方法，研究人员可以发现其他宏观方法中可能忽略的、新的、未考虑的具体政策干预措施。尽管具体结果并不能推广到整个中国，但本研究相信通过这种方法获得的见识将加深对三江源国家公园环境政策中某些方面的理解，并广泛地为有价值的新的或改革的方向和方法作出贡献。

5.1 研究方法

5.1.1 数据来源

通过焦点小组对政策实施者和当地居民进行定性数据收集，将他们的经验与政策声明进行比较。总共进行了12个焦点组的研究，共有158个参加者。关于鲜为人知的特定问题的大量数据，焦点小组访谈将提供机会确定关键主题，然后可以进行更深入的探索(Morgan，1997)。1个试点焦点小组于2018年7月在黄河源国家公园内进行，以测试焦点小组的问题并确定以焦点小组形式开展访谈是否是收集该项目数据的有效方法。2020年7月，在4个研究地点进行了另外12个焦点小组的研究，参与这项研究的所有居民都提供了自愿和书面知情同意书。每个焦点小组由5至20名参与者组成，平均每个焦点小组有12名的参与者。这些小组的访谈持续了90至120分钟，进行期间，向参与者提供了瓶装饮用水(由于是新冠疫情期间，当地政府不允许向参与者提供点心和小吃)。研究人员抽样确定了要访谈的策略实施者和最终用户，在每个站点中，都有一个重点政策实施者团体，根据以下内容组织了最终焦点小组，在每个站点中，有4个最终用户焦点组：在每个地方，召集3个小组，一个小组只有男性，一个小组只有女性，以及一个小组有地方政府和公园管理机构人员，每个小组应有6~12人，要求有不同地方的人，例如来自不同村庄。采用半结构化面试格式，半结构化访谈旨在寻求有关特定主题的信息，涵盖各个领域知识，同时仍保持非结构化面试的灵活性(Richards & Morse，2007)。

5.1.2 方法

研究地点包括青海省的9个乡镇，其中苏鲁乡、扎青乡、查旦乡、结多乡和萨呼腾镇属于杂多县，扎青和查旦位于澜沧江源国家公园园区内，苏鲁乡、结多乡和萨呼腾镇位于国家公园外；花石峡镇、扎陵湖乡、黄河乡和马察里镇属于玛多县，黄河乡、扎陵湖乡和马察里镇属于黄河源国家公园，花石峡镇位于国家公园外(表5-1)。本章中使用的数据来自混合研究方法，涉及两个关键阶段。首先是对相关政策进行系统、深入的文件审查。第二阶段需要与政策实施者通过焦点小组进行定性数据收集，将他们的经验与政策声明进行比较。访谈主题包括：

（1）在每个地方，请受访者告诉访谈者有关国家公园的近期历史；

（2）询问受访者受到国家公园影响的不同方式；

（3）该地区谁最受国家公园的影响，为什么；

（4）该地区谁受到国家公园的负面影响最大，为什么；

（5）为改善那些负面影响造成的结果而做了或可能要做的事情。

表 5-1 调查乡镇概况

地区	乡(镇)	说明	时间
黄河源国家公园外	花石峡镇	花石峡镇，隶属于青海省果洛藏族自治州玛多县，地处玛多县东北部，东与果洛州玛沁县、海南州兴海县相接，南与黄河乡接壤，北与海西州都兰县相邻。人民政府驻地位于国道 214 线、花吉公路的交会点，距玛多县城 80km，行政区域总面积 8804.52km^2。花石峡镇畜牧业是其基础产业；以饲养马、牛、羊为主	2020
黄河源国家公园内	黄河乡	黄河乡，隶属于青海省果洛藏族自治州玛多县，地处玛多县东南部，东临黄河与玛沁县优云乡隔河相望，南倚巴颜喀拉山与达日县和四川省石渠县毗邻，西与黑河乡接壤，北靠花石峡镇，距县城 60km，行政区域总面积 5609.8km^2。黄河乡农业可利用草场面积 508.9 万亩[①]，畜牧业以饲养马、牛、羊为主	2020
黄河源国家公园内	扎陵湖乡	扎陵湖乡，隶属于青海省果洛藏族自治州玛多县，地处玛多县西部，东与花石峡镇、玛查理镇接壤，南倚玉树藏族自治州称多县，西与玉树藏族自治州曲麻莱县毗邻，北靠海西都兰县，距玛多县城 40km，区域总面积 6181.63km^2。扎陵湖乡经济以畜牧业为主；以饲养马、牛、羊为主	2020
黄河源国家公园内	玛查里镇	玛查里镇位于玛多县县境中南部，县府驻地(乡府驻地距县府 15km)。人口 0.3 万(包括县属城镇居民)，以藏族为主，占总人口的 69.7%，还有汉、回、撒拉等民族。面积 4924km^2。辖江多、隆埂、坎木青、尕拉、赫拉、江措 6 个牧委会。玛查里镇的畜牧业是该镇牛羊的支柱产业	2020

① 1 亩 = 1/15hm^2。以下同。

（续）

地区	乡(镇)	说明	时间
澜沧江源国家公园外	萨呼腾镇	萨呼腾镇，隶属于青海省玉树藏族自治州杂多县，地处玉树藏族自治州州府所在地结古镇南230km处，东与玉树县接壤，南与昂赛乡相连，西与扎青乡毗邻，北与治多县相接，行政区域总面积2439.03km^2。萨呼腾镇畜牧业以饲养牛、羊、马为主。2011年，萨呼腾镇农牧业总产值5733.6万元	2020
澜沧江源国家公园外	结多乡	结多乡，隶属于青海省玉树藏族自治州杂多县，地处杂多县南部，东与昂赛乡和囊谦县毗连，南和西南与西藏自治区巴青县苏鲁乡相连，西与查旦乡接壤，北与阿多乡相邻，距县城32km，行政区域总面积2471.23km^2。结多乡是纯牧业乡，冬虫虫草的主产区；畜牧业以饲养牛、羊、马为主。2018年，结多乡有营业面积超过50m^{2}以上的综合商店或超市1个	2020
澜沧江源国家公园内	查旦乡	查旦乡，隶属于青海省玉树藏族自治州杂多县，地处杂多县西部，东与阿多乡、结多乡接壤，南以唐古拉山山脊为界与西藏自治区巴青县、聂荣县邻，西以当曲及支流果曲为界与西藏自治区安多县连接，北以扎那曲为界与莫云乡相邻，距县城145km，行政区域总面积11968.93km^2。查旦乡畜牧业以饲养牛、羊、马为主。2011年，查旦乡农牧业总产值6574.8万元	2020
澜沧江源国家公园内	扎青乡	扎青乡，隶属于青海省玉树藏族自治州杂多县，东与萨呼腾镇相邻，南与阿多乡连接，西和西南与莫云乡毗连，北与治多县接壤，距县府驻地萨呼腾镇42km，行政区域总面积5987.87km^2。扎青乡是农业纯牧业乡，副业以采挖冬虫夏草、贝母、沙金、岩金为主，畜牧业以饲养牛、羊、马为主	2020
澜沧江源国家公园外	苏鲁乡	苏鲁乡，隶属于青海省玉树藏族自治州杂多县，位于杂多县南部，东与囊谦县东坝乡相邻，南与西藏自治区丁青县接壤，西、北均与结多乡连接，距县城70km，行政区域总面积1752.15km^2。苏鲁乡农业以畜牧业和采掘虫草为主要经济来源；畜牧业以饲养羊、牛、马为主	2020

采访指南的开发是为了辅助面试过程，并确保面试的特定领域考虑了兴趣主题，但更多的是被用作辅助记忆而不是固定的采访协议。采访期间可通过改编助手备忘录来揭示数据收集需求(例如分歧的发现或需要进一步探索的新兴主题)，较早的焦点小组收集到的新见解也会通过焦点小组

来进行验证。使用这种方法，采访者可以自由地探究某些点以获取更深入的信息来收集一致的数据，同时为重要和丰富的数据的出现留出空间。藏语翻译由项目人员提供，记录员是来自中央民族大学的 1 名学生研究助理，在每次访谈之后，研究小组都进行了详细的现场记录，实地记录中的信息包括访谈摘要，例如简要记录似乎很重要的观点，每个焦点小组工作结束后，研究小组会开会讨论访谈记录，讨论关键问题点并使用恒定比较方法(Strauss 方法)确定重复出现的主题。此方法涉及 2 个或 2 个以上的描述性经历或关键事件，并寻找跨领域的参与者。这些描述性主题被浓缩成一个初步报告，汇总了有关信息网站上的主要国家社会政策。随后，第一作者和研究助手进行了深入的主题研究并分析采访数据，以确保初步分析的严谨性，并完善、发展和扩展重复出现的主题，以及搜索和分析“负面案例”(即不一致之处)，这是通过阅读访谈成绩单和撰写分析注释的迭代过程来寻找共同点并指出分歧点。通过比较编码数据块寻找共同点的过程称为“轴向编码”，发现编码之间的相互关系，并将这些代码合并以创建全面的主题，然后进行深入分析，在数据中确定关键主题，并由研究团队通过对话进行讨论，对关键问题进行细微的了解，在这些综合主题下划定关键因素。

5.2 研究结果

本研究对焦点小组访谈结果的分析得出了两个主要结论。首先，国家公园内外生态管护员的空间分布是不公平的。其次，国家公园的建立总体上改善了公园内外的环境以及居民的生活，尽管还需要做更多工作以进一步改善妇女的福利，尽管根据老年居民的报告，环境尚未恢复到 20 世纪 60、70 年代的水平。最后，需要对垃圾处理和人兽冲突管理进行适当的关注。焦点小组提出的这些特殊问题在媒体报道中得到了放大，并与中国科学院西北高原研究所的研究人员进行了讨论。

5.2.1 比较分析

本研究对焦点小组的访谈结果进行了分析，并提出了主要的比较点。表 5-2 显示了比较分析的主要结果。最初的比较是按流域(黄河源国家公园和澜沧江源国家公园)进行的；第二次比较是按性别进行的；第三次比较是在国家公园内外进行的；第四次比较是按利益相关者进行的。本研究没有发现老年居民和年轻居民之间的主要差异。

表 5-2　三江源区域的比较分析结果

流域比较（黄河源流域和澜沧江源流域）	
相似之处	差异性
保险：当前的人畜冲突特别严重，但是居民几乎没有购买保险的意识，政府也没有开展相关的宣传活动	澜沧江水源公园的居民认为，核心区的居民应该得到更多的补偿和照顾
人与兽之间的冲突和相关的赔偿问题尚未到位	黄河源国家公园外的居民反映政府已经采取了一些措施来减少公园内外的距离，例如开展技能培训活动，但是政府的趋势很小，力量和效果也不大
固体废物处理的常见问题	澜沧江源的居民反映边界冲突是环境保护的主要隐患之一
接受好的教育的机会少	冬虫夏草采挖正在破坏澜沧江源的土地
妇女需要更好的保健服务	黄河源流域居民认为，中下游居民和子孙后代受益更多；澜沧江源流域居民觉得国家公园内的居民将从国家公园成立中受益更多
旅游业应该被发展	黄河源流域的居民认为，个体户、酒店和旅游业受到的负面影响最大；澜沧江源流域的居民认为，国家公园外的居民受到的影响最大
国家公园的建立在很大程度上对环境和当地居民的生活产生了积极影响	澜沧江源的居民提出了关于恢复牧场和消灭高原鼠兔的经验
妇联的工作做得比以前要好得多	
年轻人需要更多的工作机会，所有人都需要更多的财务管理培训	
在选择生态管理人员时没有性别歧视	
公园外每户家庭也应被分配一个生态管护员的岗位	
环境质量明显改善	
生态管护员 1800 元的工资还不够	
男女比较	
相似之处	差异性
需要更多有关妇女健康的信息 需要更完善的医疗设施和更多的妇科医生	男人认为女性生态管护员更加细心和勤奋，过去，不允许女性在公共场合大声讲话。但是，现在完全不同了，国家公园的建立使妇女更加自信 妇女不能获得商业贷款，但是男子可以，而且妇女希望在这方面得到公平对待

（续）

男女比较	
相似之处	差异性
年轻人需要更多的工作机会	
财务管理方面缺乏知识，希望在这一领域进行更多的培训	
在选择生态管理者时没有性别歧视	
国家公园的建立在很大程度上对环境和当地居民的生活产生了积极影响	
园区内外比较	
相似之处	差异性
旅游活动受到影响	公园外每户家庭也应被分配一个生态管护员的岗位，工资可以在1400~1800
年轻人需要更多的工作机会	国家公园外的居民感到不平衡，一是因为园区外没有落实一户一岗；另外，他们感到公园外的项目不及公园内的多，灭鼠和人工种草等项目将首先在国家公园内实施，政府更加关注公园内的居民
财务管理方面缺乏知识，希望在这一领域进行更多的培训	旅游业受到影响的程度
国家公园的建立在很大程度上对环境和当地居民的生活产生了积极影响	
政府、居民比较	
相似之处	差异性
年轻人需要更多的工作机会	人兽冲突的相关赔偿没有到位
财务管理方面缺乏知识，希望在这一领域进行更多的培训	
公园外每户家庭也应被分配一个生态管护员的岗位，工资可以在1400~1800	
国家公园的建立在很大程度上对环境和当地居民的生活产生了积极影响	
应该发展旅游业	

（续）

居民中的年轻人、老年人比较	
相似之处	差异性
财务管理方面缺乏知识，希望在这一领域进行更多的培训	老年人和年轻人对环境变化的感知
年轻人需要更多的工作机会	
公园外每户家庭也应被分配一个生态管护员的岗位，工资可以在1400~1800	
国家公园的建立在很大程度上对环境和当地居民的生活产生了积极影响	

5.2.2 生态管理体系的建立

调查结果显示，几乎所有居民都认为国家公园的建立在很大程度上对环境和居民的生活产生了积极影响。一户一岗生态管理体系的建立使居民从草地使用者转变为草地监护人，且居民能胜任这份工作。由于成就感和幸福感的增长，居民的生活水平和国家公园的环境质量都得以改善。另外，生态管护员的甄选标准仅为具备工作能力的18至55岁居民，每个家庭根据此标准进行集体协商和决定，在政策层面不存在性别歧视。但是，笔者发现，国家公园区域外的居民有不满情绪，一是因为一户一岗惠民政策并没有被落实到公园外每家每户，二是因为公园外的生态保护项目不如公园内多。例如，鼠害控制和人工植草等项目会优先在国家公园内实施。尽管地方政府采取了诸如开展技能培训活动等一些措施来减少公园内外的差距，但力度不够，短期效果并不乐观。由于国家公园内实施了更加严格的生态保护政策，完全禁止旅游，现阶段基础设施建设薄弱，居民生活不便，公园内居民不得不牺牲自身利益而支持国家公园建设，而园区外的情况并非如此。调查结果表明，当地居民认为园区外生态管护员每月薪水可以在1400~1800元(公园内生态管护员每月薪水为1800元)，但是每个家庭应享受一户一岗惠民政策。当地居民认为此类举措能减少公园内外居民的生活水平差距。

5.2.3 生活环境的变更

居民中的老年人表示生活已经发生了巨大变化，一些受访老年人表示国家公园政策是几十年前完全不可置信的福利。这主要是因为他们这一代人出生和年轻时候的生活条件特别差，食物和生活资源匮乏，而现如今食物更加多样化了（不仅有水果还有蔬菜）。据他们回忆，目前的自然环境质量较几十年前有较大幅度恶化，20 世纪 60 至 80 年代当地基本上没有白色垃圾（塑料袋和塑料瓶），而且不存在鼠害问题。半个世纪前 20000~30000 亩的草场可以饲养 1500~1600 只藏羊，而现在只能饲养 500~600 只；那时牧民使用自然资源之一的红油来点灯照明，没有电池和煤，因此不会对环境造成重大污染。对近 15 年的环境情况调查结果表明，老年居民觉得 2002 年至 2016 年的环境质量并不好，从 2016 年到现在，即建立国家公园试点以来，环境质量已大幅度提升，但仍然不如过去。从短期变化上看，年轻居民则认为目前环境质量与 10 年前相比已明显得以改善。

5.2.4　女性的福祉

生态管护员的选拔和任命遵循性别平等的原则。当地男性居民普遍承认女性生态管护员更加细心和勤奋，为环境保护作出了重要贡献，政府应给予当地女性更多关注和支持。过去，当地的旧传统不允许女性在公共场合大声讲话，然而，今非昔比，女性已经开始担任村领导了。调查结果显示，国家公园的建立使得当地女性在家庭、工作和生活方面都更加自信。在新冠肺炎疫情期间，当地妇联积极组织女性生态管护员和女性党员进行捐款，举办关于预防新冠病毒的讲座，组织女性进行大扫除和走访贫困学生家庭。妇联的工作内容和覆盖范围在不断完善。目前，每年有 6~7 个讲座。调查发现，女性群体希望增加关于女性健康方面的宣传讲座，另外，她们也表示需要更好的医疗设施、妇科药物资源和更多的妇科医生（现如今妇科问题只能去州里看病，不仅路途遥远而且往返费用较高）。比如，在花石峡镇，几乎没有妇科医生，但是大多数女性或多或少有过妇科疾病。另外，当地女性不能获得商业贷款，只有男性的商业贷款才能被审批，女性希望在这方面和其他政策待遇上得到公平的对待。

5.2.5　生态旅游现状

调查发现几乎所有居民都认为开展生态旅游活动非常有必要，其中，黄河源流域的黄河乡和花石峡镇的居民呼声尤为强烈，希望乡镇发展像吉日迈牧委会旅游村一样的旅游项目以改善民生生计。然而自 2017 年 5 月起，国家公园内禁止旅游，国家公园的成立对旅游业和个体户（例如经营旅馆和餐馆的商人）产生了严重冲击。当地居民认为，通过限制游客人数，可以每年开展高端的生态体验旅游活动，不仅能保护环境而且会改善当地居民的生活。然而，此类活动对环境的影响还有待评估，且高端旅游活动的审批也需要更详尽的规划。

5.2.6 当地居民生态知识

调查过程中，多个乡镇的居民贡献了生态保护的经验和智慧。黄河源国家公园外的居民在调查中给出了恢复牧场的经验。通过实践他们得出结论：在被破坏的牧场上应该用藏羊代替牦牛，因为藏羊会用蹄子戳粪，这更有利于牧草的生长和恢复，但是牦牛没有这种行为。因此，他们认为藏羊“施肥”促进了草的恢复，这种方式可以在其他自然保护地进一步推广。澜沧江源国家公园的居民认为，过去使用农药消除鼠害的方法成功地消灭了高原鼠兔，但也会同时消灭高原鼠兔的天敌。例如，因食用了被灭鼠剂杀死的高原鼠兔的其他动物也被毒死，使用人工灭鼠的方法会对牧场造成严重破坏。同时，居民发现布置鹰架供许多鹰在草场休息是解决高原鼠兔危害的有效措施。另外，一些居民提到破冰行动可以在全国各地的自然保护地中实施：每年发生的草原大火都是由于湖泊一到冬天就结冰，然后形成一个凹凸镜进行聚光，从而引起火灾，牧民基本上每年都要进行破冰行动来避免火灾。

5.2.7 焦点小组的其他见解

调查还记录了居民提出的另外一些值得关注的问题和观点。黄河源流域的居民认为，在国家公园的建设方面，水源中下游和后代的居民将受益更多，尽管他们会做出牺牲，但他们表示愿意这样做。为了满足水源中下游居民和子孙后代的幸福，要履行水源保护和源头治理的责任。澜沧江流域的居民则认为公园内部的居民是国家公园建设中最受益的群体。

杂多县是采集冬虫夏草的最佳原产地，生活在冬虫夏草区的居民想自主管理当地的冬虫夏草采集区域，原因是每年大量外来人员挖冬虫夏草对环境的破坏是十分严重的。政策层面上杂多县政府在2000年之前允许外来人员进入本县挖冬虫夏草，2007年之后，禁止了这一做法，而从2018年开始，规定在6月30日之前(以前是冬虫夏草停止生长的时间节点)禁止外来人员挖冬虫夏草，6月30日之后放开。本次调查发现，冬虫夏草到7月仍可以繁殖，然而由于外来人员缺乏保护当地生态环境的意识，他们的到来导致该区域的人流量增加，加剧了环境破坏。此类问题较显著的扎青乡由于外来人员挖虫草后回填土不足，当地生态环境遭到的污染和破坏比本地人挖虫草造成的更严重。因此，当地居民希望冬虫夏草的挖掘禁令可以更加严格，并不仅限于特定日期。

现有的乡镇边界冲突是国家公园环境保护的巨大隐患。长江的南部源头位于冬虫夏草的重产区结多镇，由于每次挖冬虫夏草都会对土地进行回填，回填后的土地不会遭受太大的破坏，对环境的影响微乎其微，回填得到了居民的支持。调查发现，苏鲁乡、结多乡和查旦乡都致力于环境保护，但扎青乡边界另一端的情况并不乐观。位于此边界的西藏牧民和青海牧民混居混牧，西藏方在“混牧区”实施了大量基础设施建设，使该地区的生态保护失控，而该地政府默许这种行为。然而，青海辖区的结多、苏鲁、查旦和墨云镇同样位于该边界，由于政府的有力干涉，此类生态保护失控现象没有发生。

垃圾处理设施的不均等可能对生态保护工作形成隐患。扎青乡设有垃圾处理厂，而其他乡镇则没有。当地居民反映垃圾处理厂太少了，从牧区向县里运送垃圾由于道路崎岖很不方便，而且往返垃圾处理厂的餐饮和交通费用都是自理的，这让当地人每个月 1800 元的工资更加捉襟见肘。缺乏此类基础设施和补偿方式会增加当地居民自行处理有害垃圾的频率，加剧了居住区和牧区环境的恶化。

澜沧江源国家公园内外的居民都认为，核心区居民应该得到更多的补偿和照料。例如，查旦乡位于核心区域，由于国家公园的建立，取消了 3-4-5 国道项目的实施，路况非常恶劣，生态管护员运送垃圾不方便，学生上学不方便，居民希望当地政府对核心地区的基础设施建设给予更多的支持。同时，当地居民普遍认为应该提升教育质量，增加他们接受财务管理知识和技能培训的机会，并为当地年轻人提供更多的就业机会。

人兽冲突是目前居民生活最棘手的问题之一，严重威胁着居民的正常生活，但居民几乎没有购买保险的意识，政府也没有开展相关的宣传活动。现在雪豹（*Panthera uncia*）、熊（*Carnivora*）和藏狼（*Canis lupus chanco*）的生活规律与以前相比变得难以琢磨，它们不再长期冬眠且不像以前那般惧怕人类，对居民的房屋造成了极为严重的破坏，严重威胁了居民的人身安全，导致当地居民开始害怕住在牧区。更重要的是，政府对人兽冲突造成损失的赔偿不到位。

现阶段自然保护区和国家公园这两个保护系统并存，保护管理存在许多矛盾。自然保护区范围大，国家公园范围小，且有非重合区域。例如，长江以南的当曲和澜沧江的重要水源不包括在国家公园内，相应的水源地不在国家公园范围内。又如，杂多县的苏鲁乡、结多乡和萨呼腾镇并不在国家公园范围内，但所在区域是澜沧江和长江的重要水源。仅实施区域性的生态保护致使保护政策的系统性、完整性难以完全保证。从生态系统的完整性和行政管理的完整性的角度来看，不应将这些重要的水源地排除在国家公园之外。

5.3 讨　论

5.3.1 生态保护政策是否是支持女性的干预措施

在三江源国家公园，生态保护遵循性别平等的原则。居民发现，女性生态学家更加专心和勤奋。尽管三河国家公园试点项目的建立给妇女带来了积极影响，但仍然存在问题。例如，妇女无法获得商业贷款，但是男性可以，妇女希望在这方面得到公平的对待。因此，应该授权和加强妇女的权利，以帮助其社区解决社会经济发展问题，实现国家公园的保护目标。妇女赋权与经济发展密切相关，增强妇女权能可能对发展有利。

发展中国家的妇女在生活中，甚至在出生前就与兄弟不同，在许多地区都落后于男性。还有更多的妇女没有受过教育，没有工作或不承担政治责任。劳动力市场中妇女碰到的问题包括：妇女获得工作的机会较少，从事类似工作的人数少于男子，即使工作，她们也更有可能陷入贫困。妇女要花费更多的时间做家务和照顾孩子，她们需要花费大约一半的时间在男人身上。例如，联合国秘书长科菲·安南认为，实现性别平等是实现包括消除贫困在内的其他千年发展目标的“前提”。如果得到授权，妇女的发展也将进一步，并将开始良性循环。笔者认为，赋予妇女权力确实将以重要方式改变社会选择。在国家内部和国家之间，穷人之间的性别不平等往往更为严重。随着国家的发展，赋予妇女权力的能力自然会随之提高吗？没有必要针对妇女状况采取特殊政策吗？我们有必要为了自己的利益对平等做出持续的政策承诺，以实现国家公园中男女的平等。

5.3.2 生态管护员状况

三江源国家公园拥有超过 10000 名以社区为基础的现场工作人员，值得注意的是，这股强大的“劳动力”不仅充当了环境监测员，还广泛充当了生态管护员，并为他们所参与的更广泛的社区提供联络。因此，应该授权和加强他们的权利，以帮助其社区解决社会经济发展问题并实现国家公园的保护目标。他们的能力应通过培训来发展，且应为他们提供适当的工具，以使他们能够执行其被指派的任务。

黄河源国家公园已经全面落实生态管护一户一岗政策，3042 名生态管护员持证上岗，年人均增收2.16万元，并为其统筹购买了人身意外保险。培训管护员1.34万人次，组建3个乡镇管护站、19个村级管护队和123个管护分队，形成了“点成线、网成面”的管理体系，使牧民逐步由草原利用者转变为生态管护者。全面贯彻落实惠牧惠民政策，认真兑现新一轮草原生态保护补助资金，2016—2019年累计发放草原补助奖励资金5.21亿元，户均增收3.05万元，人均增收1.06万元。

澜沧江源国家公园组建了乡镇管护站、村级管护队和管护小分队三级组织。设置了19个管护大队、64个管护分队，实行每日定点巡护、每15日集中巡护制度。规划了2000km^{2}的生态监测线路，开展了有蹄类为主的生物多样性监测和样线监测，形成了“点、线、面全方位网格化大生态管护体系”。结合精准扶贫，落实生态管护公益岗位7752个，实现了园区内有户籍牧户一户一岗全覆盖，户年均增收21600元。杂多县各乡镇地理环境相似，对园区保护的重要性相近，但苏鲁乡、结多乡、萨呼腾镇3个乡镇未能进入国家公园范围，由于园区内外政策有别，园区外群众无法享受园区政策，群众对此反映强烈，导致生态保护的积极性有了差别，园区内外发展不协调。生态管护员居住分散，需到离居住区较远的草原上开展巡护工作，经测算交通工具支出和管护支出达到600~1000元，目前每月发放的1800元劳动报酬与生态管护员实际付出的劳动不对等，对调动生态管护员的积极性和主动性带来影响。虽然加大了生态管护员全员培训力度，但生态管护员文化素质低，接受能力差，管护能力远远满足不了建设国际化、现代化国家公园的工作要求。此外，还存在生态管护员巡护设备缺乏，生态保护的技术措施还不完备，科技支撑作用不强，自然资源底数不清等问题。建议加快建立生态管护员劳动报酬增长机制，巩固提升脱贫攻坚成果，进一步加强对生态管护员的系统培训和加大对生态管护员设备配置的投入力度，全面提升生态管护员的业务水平。

当计划赋予当地参与者权力，提供非货币社区福利并旨在培养自治感时，内在动机的挤入更有可能发生，阻碍自主感的计划与内在动机挤出的指标相关。内在动机是当某人做某事时，做某事本身这个过程带给他们的幸福或自我价值感。就像当地居民和地方社区(IPLCs)自主保护环境一样，因为他们知道每个人在干净的环境中都更快乐。当有外在动机时，可能会发生内在动机的“挤出”，尽管动机性拥挤对生态成功没有影响，但是会阻碍社会成功的预测，外在奖励对内在动机有负面影响。如果地方政府支付IPLCs清洁环境的费用，他们可能期望每次清洁环境都被支付费用，这种情况就意味着外部动机挤入到了动机中，如若付款使IPLCs既清洁了环境，又从行为本身中获得了极大的乐趣，即使未来不再付款，他们也会继续清洁环境。如果计划得到公平的设计，诸如支付之类的外部激励措施就可以促进内在激励的挤入，并为自主决策提供机会。心理理论的应用可有助于设计公平有效的生态系统服务付费(PES)计划(Akers & Yasué，2019)。

5.3.3 通过生态旅游促进保护和社区发展

近年来，人们注意到旅游业有可能使当地和国家经济受益，过去10年来，中国国内旅行次数增长了50%以上，预计到2020年将有23.8亿人次。虽然青海省(位于西藏自治区北部)是青藏高原旅游人数最少的地区之一，该地区在过去10年中也稳定增长，游客量增长了3倍以上，旅行和旅游收入增加了7倍，为那些居住在自然保护地中的社区(发展被禁止或受到严重限制)居民带来了收益。相比之下，中国最近的国家旅游收入每年增长了约12%，在10年内仅仅增长了3倍。旅游业的增长也发生在地方和国家级自然保护区以及其他地方形式的自然保护地，尽管目的和结果参差不齐。显然，在整个区域以及保护区内外，都有需要更明确定义的旅游策略，尤其是对于国家公园计划。同时，无论好坏，该行业都在持续增长，并且经常受到鼓励和得到地方、省和国家政府当局的支持，但不幸的是没有充分考虑旅游业发展带来的一系列附带影响，如果规划不得当，可能会带来潜在的社会和环境风险。鉴于青藏高原生态区对当地人、国家和全球社区的巨大价值，以及对中国旅游业及其规模的认识，一个关键问题浮出水面，即旅游的目的何在？哪种旅游形式最适合所需的目的？

自从国家公园试点以来，黄河源国家公园印发了《关于禁止在扎陵-鄂陵湖、星星海自然保护分区开展旅游活动的通告》，结合“绿盾”、“春雷”等专项行动，组织开展集中巡护136次，出动人员700人次，出动车辆207台次，巡护8万km，劝返游客6040人次、车辆2320余辆，确保了园区内外草原、湿地、野生动物等自然资源和生态资源的安全。

尽管自该试点项目建立以来，国家公园仍禁止旅游，但自2020年6月以来，高端生态旅游活动已逐步开展。在生态重要但脆弱的地区，即长江上游、黄河和涠公河(或“三江”的发源地)，政府正在尝试寻找多种方式发展当地经济，以减轻草原上的放牧压力并减少人口对牲畜的依赖。公共部门和私营部门都认识到，丰富的文化和自然资产，即非凡的高山和草原景观，独特的地方游牧文化以及该地区丰富的生物多样性，为该地区的旅游业发展提供了巨大潜力和成长。在适当的政策指导下，社区可以获得许多经济利益。然而，如果没有这样的政策，旅游业也可能发生严重的外流，导致大部分社会和经济利益流向企业。正如世界上许多社区指出的那样，生态旅游的潜力是独特的。考虑到环境保护和社区发展的双重目标，并考虑到这两个目标是中国国家公园的基本支柱，因此，生态旅游从业者和政府机构自然应该适当地加强和发展所有自然保护区和其他自然保护地的（生态）旅游战略。这些目标以及记录的经验可以帮助社区制定适当的策略。

根据过去4年的第一手经验、观察和研究结果（此处指出，本研究吸取的这些教训可能来自特定的背景或事件，但值得注意的是，它们也具有区域性的潜在广泛应用意义），本研究认为：

（1）像其他部门一样，参与旅游业决策的社区往往表现出更大的公司所有权意识，他们倾向于更多地参与生态旅游事业，并努力确保其长期稳定发展，最终使整个项目取得成功。

（2）重视民间社会的作用（包括能力建设、领导能力发展和促进建立基于专业和活动的网络），大力支持、鼓励和促进对等学习，许多情况下已经发现这种方法可以增加当地居民的希望感，促使更多人参与新方案的开发。希望这是一支强大的力量，可以结合人类、自然、经济和政治现实来领导可持续发展解决方案。

（3）生态旅游可以看作是生态系统综合管理战略的一部分，即在现有资产的基础上，力争同时实现一定范围的发展目标。从研究结果看，三江源国家公园旅游生态补偿的主要方法也应以可用资金为基础。不应将其视为谋生手段（所有其他形式的谋生手段的丧失），而应视为当前状况的补充方法。一系列开发选项很有帮助，集体实施生态旅游和其他生计选择，将增强对环境和全球快速变化的适应性。在个人层面上，除了发展专业合作伙伴之外，行为也发生了变化，例如，诚实和正直地工作。随着时间的推移，建立了信任关系（包括笔者本人在内）的所有合作伙伴都受益匪浅。没有投入必要的时间和精力无法发展和维持重要的关系。因此，进一步“扩展”关键方法和战略的关键是，除了好的想法之外，还必须有足够的财政资源和技术培训，以及对社会和政治环境的适当支持。简而言之，旅游业可以发挥重要作用，应该加以推广，因为其核心是针对有目的的旅游业，其目的是满足各种需求和许多利益相关者，尤其是当地社区自身的利益。值得注意的是，生态旅游不仅是前往风景美丽或存在野生生物的地方旅游，而且其从根本上更关注结果而不是资产，结果是通过发展伙伴关系和开展活动取得的成就。根据定义，生态旅游也应既负责任又可持续。然而，情况并非总是如此，因为任何特定的旅行都是负责任的或可持续的，这本身并不意味着或没有必要将这种冒险行为塑造成生态旅游本身，这些属性只是指向他们直接基于特征的旅游类型学名称。

5.3.4 协调保护和发展问题

在国家公园中，居民生计和自然保护之间的复杂特殊的关系给国家公园管理带来许多挑战。尽管可能需要使用长期的跨学科方法来充分了解特定国家公园中环境与人之间的关系，但是现实情况是，大多数国家公园管理决策都是由保护区工作人员做出的。管理层了解国家公园与人之间的关系并改善管理的一个潜在切入点是通过研究当地人对国家公园的看法。

当地居民指出由于三江源国家级自然保护区在划建上将部分乡镇、村社划入国家级自然保护区内，致使水、电、道路等民生工程项目无法避让核心区和缓冲区，规划水、电、道路等民生工程项目难以获得国家行政许可。三江源国家公园以及自然保护区内自古以来就有原著居民，这些居民本身也是生态系统的重要一环。绝对的保护是不现实的，人的发展和生态保护是三江源国家公园建设的核心问题。必须做好人的发展需求和环境承载能力的估算，根据某个区域的生态现状、保护的要求来确定人畜数量，需要科学划定界线和红线。

5.3.5 人兽冲突

近年来，随着生态环境保护力度加大，三江源地区野生动物数量明显增长，野生动物种群和数量得到有效恢复，人畜冲突矛盾不断加剧，野生动物伤害肇事频频发生，在一定程度上影响了当地牧民群众的生命财产安全和畜牧业健康发展。例如，野生动物伤害补偿资金按照省级、州级和县级财政分别承担损失总额的50%、25%和25%来落实，实际工作中仍存在伤害肇事补偿标准过低、补偿资金很难足额到位的问题，目前只落实了省、县两级财政补偿，州级财政补偿未落实到位。建议加快建立健全野生动物补偿机制，让牧民群众在参与生态保护中获得应有的补偿，享受生态文明建设带来的更多实惠。

5.4 小　结

一户一岗的共同管理制度的实施对国家公园内和附近生态系统的保护和当地社区的福祉具有重大意义。与12组居民和地方政府官员进行的焦点小组访谈揭示了当地居民所感受到的许多正(负)面问题。最突出的这些访谈对象的答案随性别、流域和公园边界内外位置的不同而变化。其中，负面问题之一是政策实施情况对于住在公园外但与公园相邻的人来说是不公平的，这些居民为支持国家公园建设承担了许多费用、蒙受了经济损失，但与国家公园相关的收益却很少。另一个突出的负面问题是生态管护员无法有效执行其监视、保护和社区联络角色。同时，生态旅游、废物管理和医疗保健等公共服务以及对野生动植物损害的赔偿也是亟待解决的重要问题。充分利用当地牧民的生态知识对于实现国家公园共同管理模式的持续成功至关重要。

第 6 章 居民对生态旅游资源支付意愿及相关因素分析

环境可持续经济的概念已被中国城市居民广泛接受(Geng & Doberstein, 2008)。这种发展方式的实质是环境保护与社会经济发展道路密不可分。环境的任何变化都可能直接影响经济(Dehghani et al., 2010)。一方面，经济发展与环境保护之间的平衡一直是当前对可持续经济的需求，其中，经济评估在环境政策的制定和评估中发挥着积极作用。另一方面，环境系统提供的物质和经济利益可直接增进人类福祉，作为一种生态系统服务，因此，按照国际学术标准协议对这些利益进行量化是有意义且重要的。

自然资源和生态系统服务评估对于为决策者提供有关环境问题的简要概述，估计经济政策和环境的定量结果以及调整国民经济数据[例如，国内生产总值(GDP)]的核算非常重要(Costanza et al., 1997)。在所有生态系统服务提供者中，国家公园可以最大限度地造福人类、社会，更重要的是环境和生态可持续性，这与现有的生态服务高度相关，例如，居民的休闲生态旅游资源。作为生态旅游胜地，国家公园以可持续的方式促进了国家和地方经济的发展(Palomo et al., 2013)。一方面，国家公园正成为包括中国在内的许多国家越来越多的娱乐场所(Tisdell et al., 1996)。另一方面，管理国家公园的挑战在于实现一项长期的可持续计划，即保护景观和自然资源，并扩大其中历史文物和野生生物的覆盖范围(Dai et al., 2019)。例如，三江源国家公园是著名的三江(黄河、长江和湄公河)风光的热门生态旅游选择，既给当地人民和政府带来了增加旅游经济效益的机遇，也给当地带来了负面的影响和挑战(Ma et al., 2020)。但是，地方政府和私营部门可以制定和实施有效的战略来管理国家公园，以把握机遇、应对挑战，例如，通过向居民和游客收取入场费或使用费来确保资源的使用收入，以实现其可持续的生态旅游目标。

从广义上讲，生态旅游资源的价值可分为使用价值和非使用价值(Naidoo & Adamowicz, 2005)。使用价值是生态旅游资源为人类提供的产品和服务，包括满足人类需求的直接和间接价值，例如，科学、美学、娱乐和环境法规(Pengwei & Linsheng, 2018)。非使用价值是指不提供直接用于生计的服务,而提供包括生活选择、生存和遗产价值的服务价值(Scarpa et al., 2000)。这些价值虽然没有直接应用(Lin et al., 2014),但可以通过估算居民对生态旅游资源的支付意愿来进行评估(Bennett, 1984)。评价生态旅游资源的重要性在于它们传达了公共产品的性质(Turpie, 2003),因此,对自然旅游资源的合理利用和保护是基于评价结果的。但是,与经济主体(具有使用价值)不同,由于国家公园没有市场交易(具有非使用价值),因此很难通过任何公开的价格来衡量国家公园的价值。另外,对于非使用价值,Ciriacy Wantrup(1947)提出了条件价值评估法(CVM),该方法已广泛用于环境和资源价值评估。20 世纪 70 年代后期,CVM 被用于评估产品的经济价值,从环境和美学产品到各种非市场产品,例如,改善水和空气质量(Wang & Zhang, 2009),保护栖息地、野生动植物、生物多样性(Masanjala & Phiri, 2007)、旅游业资源和生态补偿。CVM 在欧盟、美国和其他国家的环境经济和环境政策评估中起着重要作用。在中国,由于政治、经济和技术的限制,CVM 缺乏政策的全面性,因此在调查过程中一直存在 CVM 产生或继承的偏见(Ahlheim et al., 2015)。通过使用改进的 CVM 技术规避或最小化这些问题(Hadker et al., 1997),本研究旨在为中国国家公园内居民的实际决策提供有效的 CVM 支付数字。同时,CVM 方法的验证(Voltaire et al., 2013)也已成为这项研究的重要目标。

这项研究评估了在 CVM 框架下三江源国家公园居民的支付意愿(这里的支付意愿包括支付金额、工作时间意愿和接受补偿金额意愿,分别简写为 WTP、WTW 和 WTA)。基于调查的支付意愿是评估对生态旅游资源不被利用的重要依据,尤其是在国家公园和居民密集的保护区(Khoo & Ong, 2015)。本研究的目的是通过居民的支付意愿来检验与生态旅游资源利用相关的因素,从而为国家公园和其他保护区的管理提供指导(Wilkie et al., 2001)。影响支付意愿的因素包括社会经济特征、居民满意度、社会信任和对旅游保护区的了解。根据初步的文献综述,关于社会信任因素与支付意愿之间关系的研究很少,主要集中在公共卫生、饮用水和其他社会因素上(Wang et al., 2018)。然而,作为对本研究模型的补充,它包括了对旅游保护区的认识,这反映了中国保护区管理的特殊性和现实性。本研究使用拟泊松模型(Hsu et al., 1991)分析了 WTP、WTW 和 WTA 的确切值(除了建立了针对二元支付或不支付、工作或不工作以及接受或不接受)以增强统计能力,还揭示了影响三江源国家公园支付意愿的关键因素。这样的建模方法比二元模型更具参考价值,可以解决国家公园和保护区管理的特定和实际问题。

6.1 研究方法

6.1.1 数据来源

研究人员为三江源国家公园设计了一份标准的支付意愿调查表，并向当地居民寄出了300多份。对注册户进行了随机抽样，以确定玛多县和杂多县接受调查的居民。该调查于2018年7月至8月在三江源国家公园内的玛多县和杂多县的12个镇进行，总共收到并验证了244份填写好的调查表，所有答案(包括空白)都编码在数据表中。在他们回答了是否愿意支付、工作和接受补偿之后，向他们提供了有关WTP、WTW和WTA的定量多项选择题，供其选择。此外，数据集还包括接受调查的每个居民的人口统计和社会经济信息，社会信任以及对生态旅游的认识和态度。记录每个被调查居民的家庭住址，并将其编码为县和村的名字。收集的人口统计信息包括性别、年龄、教育程度、家庭成员人数和家庭居住时间。收集的社会经济信息记录了个人的年收入，社会信任记录了居民对当地发展生态旅游的支持程度。支持生态旅游的地方发展的程度，选择环境还是生态应该作为地方保护发展的优先事项，对生态旅游的最大影响因素的认识，是否听取生态补偿政策以及拟议的最佳生态补偿方法等从问卷中收集。愿意支付、工作以及是否接受补偿被记录为0(不愿意)和1(愿意)。还为所有愿意支付，工作和接受补偿的居民从多种选择中收集了WTP、WTA和WTW。对于不愿意的居民，其WTP、WTA和WTW记录为0。

6.1.2 方法

遵循CVM方法的逻辑回归用于以人口、社会经济、社会信任、对生态旅游的了解和态度作为自变量来模拟是否愿意支付、工作和接受补偿。基于WTP、WTW和WTA的离散分布，使用准Poisson回归(Hsu et al.，1991)并用同一组独立变量对每个模型进行建模。使用WTP、WTW和WTA的加权平均值来计算三江源国家公园的WTP、WTA和WTW的总和。所有建模和分析均使用R 3.5.1进行，在建模之前，先测试自变量之间的相关性，并预先筛选高度相关的变量(例如，由于家庭居住时间与年龄高度相关，因此不使用其进行建模)。

假设：社会信任因素(居民对当地发展生态旅游的支持程度)与支付意愿之间有关系。

6.2　研究结果

基于研究结果，假设成立。即：社会信任因素（居民对当地发展生态旅游的支持程度）与支付意愿之间有关系。

6.2.1　收集的调查答复摘要

从玛多县和杂多县收集的有效调查问卷分别为129份和115份。根据问卷调查，玛多县的平均WTP、WTW和WTA的年平均值分别为223元、25.98小时和372.5元，高于杂多县的162.8元、12.12小时和352.5元。特别是玛多县的WTW超过杂多县的2倍。玛多县和杂多县人口的平均年龄（33.82对38.81岁）、年个人收入（26438对24508人民币/年）、家庭成员数量（3.155对4.336人）和家庭居住时间（32.12对37.43岁）相似。玛多县人口的性别组成（男77：女51）比杂多县的性别组成（男93：女19）更为均匀（接近1：1），其教育水平、对生态旅游的反应、认识和态度，玛多县和杂多县的情况也相似（表6-1）。

表6-1　在玛多县和杂多县进行的邮件调查收集的变量汇总

变量	玛多	杂多	总共
收到的问卷数量	129	115	224
村庄数	5	7	12
人民币元/年的平均WTP（不愿意答复的数量）	223（39）	162.8（20）	194.5（59）
平均WTW（以小时/年计）（不愿回复的数量）	25.98（8）	12.12（9）	19.48（17）
人民币元/年的平均WTA（不愿意回答的数量）	372.5（24）	352.5（19）	363（43）
性别构成（M=男性，F=女性）	M77，F51	M93，F19	M170，F70
平均年龄	33.82	38.81	36.17
年平均个人年收入（人民币元）	26438	24508	25829
教育水平（P=小学，M=中等，H=高，C=大学）	P79，M9，H4，C8	P52，M4，H11，C9	P131，M13，H15，C17
平均家庭成员数	3.155	4.336	3.738

（续）

变量	玛多	杂多	总共
年平均家庭居住年限	32.12	37.43	34.62
对生态旅游当地发展的支持程度(负=-1，中立=0，支持=1，支持强度=2)	-1，0，1，2：32，23，28，41	-1，0，1，2：6，3，88，18	-1，0，1，2：38，26，116，59
意识到生态旅游的最大影响(空气=A，植物=P，岩石=R，土壤=S，水=W，野生动物=L)	A17，P51，R10，S17，W11，L23	A4，P33，R12，S20，W24，L18	A21，P84，R22，S37，W35，L41
是否听说过生态补偿政策	No 59，Yes 61	No 83，Yes 30	No 142，Yes 91
拟议的最佳生态补偿方法(政府=Gov，捐赠=Don，税收=Tax，游览=Tour)	Gov 52，Don 33，Tax 25，Tour 12	Gov 71，Don 5，Tax 2，Tour 25	Gov 123，Don 38，Tax 27，Tour 37

6.2.2 三江源的预估 WTP、WTW 和 WTA

全部224位被调查居民的人均 WTP、WTW 和 WTA 加权平均值为194.5元/年、19.48小时/年和363元/年。考虑到2018年三江源国家公园的家庭人口为6.4万人(三江源国家公园，2018)：

三江源 WTP=64×194.5=1244.8万元/年；

三江源的 WTW=64×19.48=124.7万小时/年；

三江源 WTA=64×363=2323.2万元/年。

6.2.3 WTP、WTW 和 WTA 模型的推论

本部分介绍了受访者社会经济特征的摘要统计信息，以及受访者看法和态度的回应。

该县始终是该模型的有效阻碍因素，因为杂多县的 WTP、WTW 和 WTA 始终显著低于玛多县的 WTP。总体而言，逻辑回归模型揭示了人口、社会经济、社会信任以及对生态旅游的认识和态度如何影响居民对是否愿意支付、工作和接受补偿的选择；拟泊松模型揭示了这些变量对定量 WTP(表6-2)、WTW(表6-3)和 WTA(表6-4)的影响。居民支付意愿的逻辑模型和准泊松模型都表明，杂多县居民对生态旅游的支付、工作和接受的意愿低于玛多居民。但是，性别、年龄以及是否听取生态补偿政策等对 WTP、WTW 和 WTA 都没有显著影响。生态旅游对当地发展的支持程度，

对生态旅游最大影响的认识，拟议的最佳生态补偿方法，教育水平和年收入等对 WTP、WTW 和 WTA 产生不同的影响。总体而言，居民的年收入越高，该居民在调查中显示的支付意愿越高。高于小学教育水平的居民可能会表现出较低的 WTP 和 WTA。居民提出的最好生态补偿政策，是政府提供资金，而不是捐赠、税收和旅游，这对 WTP、WTW 和 WTA 更加有利。与空气、植物、岩石、土壤、水和野生动植物的状况相比，对于居民来说，确定其 WTW 和 WTA 的重要性最低。WTP 和 WTW 越高，对当地生态旅游发展的积极支持也就越大。

表 6-2　WTP 的逻辑斯蒂和拟泊松模型输出

变量	逻辑回归模型(是否愿意付款)		拟泊松回归模型(WTP)	
	系数	标准差和显著性	相关系数	标准差和显著性
县杂多	−2. 32	0. 799 **	−0. 768	0. 299 *
支持旅游 0	4. 60	1. 36 ***	2. 52	0. 682 ***
支持旅游 1	5. 17	1. 21 ***	2. 32	0. 596 ***
支持旅游 2	3. 61	1. 01 ***	1. 93	0. 569 ***
影响最大(植物)	−0. 0538	0. 953	−0. 270	0. 451
影响最大(石头)	0. 906	1. 61	1. 23	0. 946
影响最大(土壤)	−1. 25	1. 05	−0. 486	0. 481
影响最大(水)	17. 8	1032	−0. 324	0. 582
影响最大(野生动物)	−0. 402	1. 02	−0. 321	0. 449
是否听说过生态补偿	−0. 496	0. 592	−0. 235	0. 288
最好的生态补偿方式(捐赠)	−1. 58	0. 877	−0. 338	0. 359
最好的生态补偿方式(征收生态税)	−2. 40	1. 12 *	−1. 073	0. 448 *
最好的生态补偿方式(开展旅游)	0. 826	0. 825	−0. 322	−0. 318
性别(女性)	−0. 508	0. 572	−0. 420	0. 287
年龄	0. 00323	0. 0277	0. 00828	0. 0121
教育水平 M	0. 144	0. 968	−0. 219	0. 415
教育水平 H	−0. 897	1. 13	−2. 14	1. 03 *
教育水平 C	1. 59	1. 38	−0. 847	−0. 553
年收入	0. 0000520	0. 0000240 *	0. 0000207	0. 00000901 *

注：$0.05<p<0.1$ 表示显著性水平，* 表示 $0.01<p<0.05$，** 表示 $0.001<p<0.01$，*** 表示 $0<p<0.001$。

表 6-3　WTW 的逻辑斯蒂和拟泊松模型输出

变量	逻辑回归模型(WTW)		拟泊松回归模型(WTW)	
	系数	标准差和显著性	相关系数	标准差和显著性
县杂多	-3.18	1.17**	-1.65	0.207***
是否支持旅游(0)	1.99	1.70	-0.0141	0.312
是否支持旅游(1)	2.96	1.46*	0.281	0.215
是否支持旅游(2)	2.86	1.62.	0.417	0.173*
影响最大(植物)	0.763	1.08	0.994	0.322**
影响最大(石头)	0.160	11.85	0.805	0.451
影响最大(土壤)	1.92	1.25	0.753	0.332*
影响最大(水)	18.17	1799	0.771	0.381*
影响最大(野生动物)	1.03	1.32	0.640	0.323.
是否听过生态补偿	1.81	0.947.	-0.182	-0.178
最好的生态补偿方式(捐赠)	-1.96	1.27	-0.438	0.216*
最好的生态补偿方式(征收生态税)	-3.94	1.69*	-0.907	0.262***
最好的生态补偿方式(开展旅游)	0.414	1.26	-0.429	0.197*
性别(女性)	-1.00	0.805	-0.204	0.155
年龄	0.00751	0.0563	0.00218	0.00729
教育水平 M	-1.99	1.17	-0.327	0.319
教育水平 H	-0.850	1.23	-0.453	0.366
教育水平 C	-0.959	1.51	-0.319	0.296
年收入	0.0000339	0.0000359	-0.00000239	0.00000529

注：$0.05<p<0.1$ 表示显著性水平，* 表示 $0.01<p<0.05$，** 表示 $0.001<p<0.01$，*** 表示 $0<p<0.01$。

表 6-4　WTA 的逻辑斯蒂和拟泊松模型输出

变量	逻辑回归模型(是否愿意接受补偿)		拟泊松回归模型	
	系数	标准差和显著性	相关系数	标准差和显著性
县杂多	-1.48	0.698*	-0.886	0.203***
支持旅游(0)	0.374	1.24	0.349	0.394
支持旅游(1)	1.00	0.923	0.334	0.228
支持旅游(2)	0.860	0.945	0.277	0.194
影响最大(植物)	-1.02	0.940	-0.145	0.353

（续）

变量	逻辑回归模型(是否愿意接受补偿)		拟泊松回归模型	
	系数	标准差和显著性	相关系数	标准差和显著性
影响最大(石头)	-0.916	1.43	-0.202	0.500
影响最大(土壤)	-0.846	1.05	-0.734	0.364*
影响最大(水)	-1.90	1.18	-0.844	0.477
影响最大(野生动物)	-0.731	1.14	-0.478	0.349
是否听说过生态补偿	0.232	0.637	-0.380	0.207
最好的生态补偿方式(捐赠)	-2.89	0.958**	-1.31	0.305***
最好的生态补偿方式(征收生态税)	-4.00	1.08***	-2.51	0.455***
最好的生态补偿方式(开展旅游)	-1.36	0.777	-0.854	0.257**
性别(女性)	0.0633	0.607	-0.0669	0.169
年龄	-0.00669	0.0317	-0.000680	0.00739
教育水平 M	-0.206	1.02	0.197	0.299
教育水平 H	-3.27	1.04**	-1.42	0.484**
教育水平 C	-0.685	1.22	-0.367	0.325
年收入	-0.0000419	0.0000241	-0.00000430	-0.00000593

注：$0.05<p<0.1$ 表示显著性水平，* 表示 $0.01<p<0.05$，** 表示 $0.001<p<0.01$，*** 表示 $0<p<0.001$。

6.3 讨　论

6.3.1 与支付意愿相关的因素

6.3.1.1 社会经济特征

在中国及其他地区，利益相关者的 WTP 和 WTA 在实施环境政策方面发挥着重要作用(Grêt-Regamey et al.，2012)。性别会影响人们的行为、价值观和特征，因此可能是 WTP、WTW 和 WTA 的重要因素(Khajehpour et al.，2011)。与之前的一些发现(Ishiguro，2019)不同，我们发现性别和年龄并不是支付、工作和接受补偿意愿的重要因素，这表明，如果要求政府为因三江源国家公园旅游业发展而造成的环境恶化分配赔偿，那么当地居民的支付意愿可能不取决于性别或年龄。尽管这项研究并未揭示当地居民的性别和年龄与支付意愿之间的任何联系(图 6-1)，但如果对来自不同县、不同年龄组和性别的更多居民进行调查，则可能会发现其中潜在的联系。教育水平和年收入(表 6-2)被发现对 WTP、WTW 和 WTA 有不同的影响。总体而言，较高的年收入与较高的 WTP 相关联，此结果与 Hanim(1999)和 Zhongmin(2002)等人先前的研究一致，Syakya(2004)还确定了收入会影响访问者的 WTP，也许他们丰富的财富使他们更加豁达、愿意给予和接受。

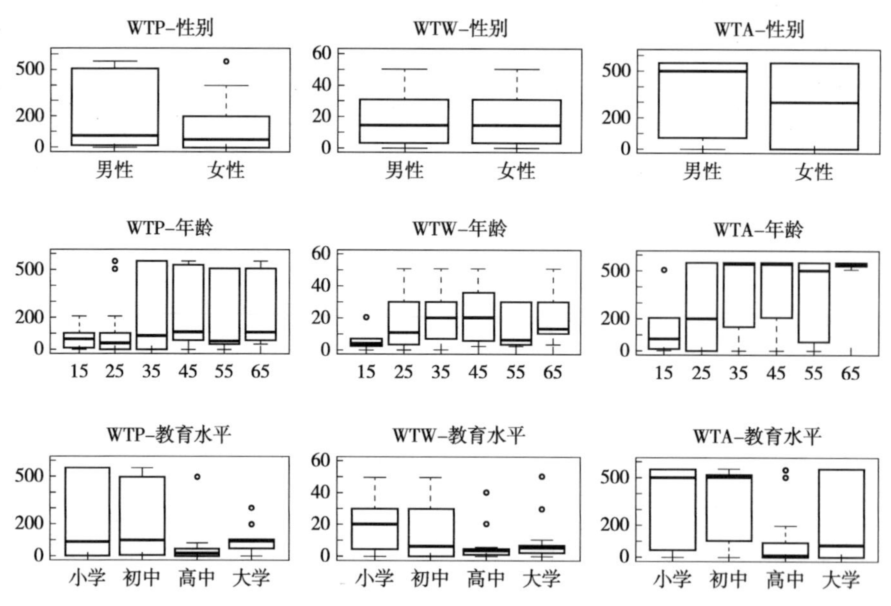

图 6-1 按性别、年龄和教育水平划分的 WTP、WTW 和 WTA 箱形图

但是，学历高于小学的居民更有可能表现出较低的 WTP 和 WTA，这与王雪艳等(Wang · X et al.，2019)和李和蔡(Li & Cai，2016)的研究不一致。但与冯(Feng et al.，2018)和 Wang(Wang et al.，2016)相同，通常在教育背景和 WTA 之间能观察到明显的负相关关系，这归因于受过良好教育的参与者对环境保护的长期益处有了更深入的了解(Xiong & Kong，2017)。在中国地图上，自然保护地和贫困地区高度重视在空间上重叠(Wang · X et al.，2019)，受教育水平高于小学的居民更有可能表现出较低的 WTP 可能是因为发展中国家的居民愿意为生态旅游资源付费，但他们却不能付费(Navrud & Mungatana，1994)。

6.3.1.2 支付意愿分析

已经发现家庭状况、国家补偿工作和政策的实施对个人的 WTP、WTW 和 WTA 有重大影响。在调查中，社会信任(对生态旅游在当地发展的支持程度)、居民所建议的最佳生态补偿方法对 WTP、WTW 和 WTA 的影响也不同。他们提出的最佳生态补偿政策是政府提供资金，而不是捐赠、税收和旅游，他们更愿意支付、工作和接受补偿。只有选择政府补偿来源的居民有明显的积极趋势，而选择其他三种来源的居民则没有明显的积极趋势。政府收入的强大影响力与其对政府的信任有关，包括当地的保护政策，本研究的调查也从对当地家庭进行的采访中得到证实。他们丰富的财富使他们更加开悟(Ma et al.，2020)。可以预见，就像在发展中国家一样，保护区居民倾向于接受直接的资本形式的补偿，而不是接受知识和技术的支持以促进其经济繁荣(Navrud & Mungatana，1994)。这项研究的经验结果表明，三江源国家公园的最佳补偿形式是直接向居民提供资金，政府将通过这些资金积极影响居民对生态旅游的支付、工作和接受的意愿。从这一方面可以看出，政府的政策和调解是当地居民非常重要的生态补偿机制。

问卷调查发现，居民对不同环境因素的各种担忧，影响了他们的工作意愿和接受补偿的意愿。与空气、植物、岩石、土壤、水和野生动植物的状况相比，对于居民来说，确定其 WTW 和 WTA 的重要性最低。对于三江源国家公园的居民来说，空气质量一直不是问题，因此他们不必担心空气问题。特别是，居民认为旅游业的发展将对植物植被产生最大的影响，生态旅游不应损害自然和周围环境的可持续性。相反，对支持当地生态旅游业发展的积极态度与更高的 WTP 和 WTW 有关。换句话说，社会信任因素与 WTP 有关。考虑到在国家公园中发展生态旅游可能给居民带来巨大的经济利益，并可能促进当地少数民族文化的传播，居民(大部分来自藏族文化)将对 WTP 和 WTW 做出更积极的回应，这表明他们对政府生态旅游发展政策的支持。因此，政府和生态管理者还应考虑保护区不同居民与目前政策的文化渊源和对政策的支持水平，以优化其发展计划和补偿政策。

6.3.2 关于实施旅游生态补偿的建议

6.3.2.1 三江源国家公园补偿标准

在生态补偿研究中，补偿的“标准”一直是生态补偿机制不断探索的核心。本研究建议现阶段三江源国家公园对于园区内居民的旅游生态补偿的最低标准应为每年 1244.8 万元人民币，以与国家公园居民的估计 WTP 值相匹配。

6.3.2.2 建立可持续生态旅游的具体机制

三江源国家公园旅游生态补偿的利益相关者包括当地居民和政府决策者在内的各个群体。在建立生态补偿机制时，建议分析“利益相关者”，以区分破坏者、保护者、受益者和受害者。对那些对保护生态环境付出了资本和劳力或因保护生态环境而遭受损失或被迫放弃经济发展机会的人，应采取相应的措施。这些困难包括自然保护和可持续管理的土地类型变化，从保护区到村庄的搬迁成本，以及与农业相关的职业向劳动力需求大的工作的转变。

6.3.2.3 鼓励社区参与

本研究发现大多数三江源国家公园当地居民的受教育水平低于高中水平。尽管大多数人根据问卷调查表听到了“生态补偿”一词，但他们不了解生态旅游、生态补偿和生态旅游发展过程的概念和细节。同时，尽管当地居民渴望参加生态旅游开发和生态补偿计划，但他们不熟悉参与方式，这阻碍了三江源国家公园旅游开发和其他商业活动的生态补偿机制的实施。就当前三江源国家公园居民的文化水平现状，必须开展有关生态补偿政策的公共教育活动和预期的政府做法，以鼓励社区参与可持续的生态旅游。

6.3.2.4 加强三江源国家公园的生态旅游

尽管大多数居民受教育程度有限，但居民不考虑法规的条款和条件这一事实并不妨碍最近的社会和生态转型。要记住的关键事实是，旅游业不应该为自己而发展。对于外部利益相关者，即居民、游客或旅行社，可持续性或社区福祉被认为很重要，不能仅由在某个地区旅行的居民或该地区的投资、支出或筹集的资金来衡量，还应从当地的角度出发，从社区和自然的角度出发，从环境角度出发，最好将旅游业视为可用于实现明确目标的有价值的工具。关于广阔的青藏高原，大多数国家和国际关注都集中在此，它具有巨大的环境意义，特别是作为本地和下游水源。野生动植物的稀有、濒危和特有物种也引起了人们的注意。同时，人们清楚地认识到建设“和谐社会”的重要性。为此，中国政府高度重视在青海省促进扶贫、发展交通和通信系统，增加教育机会以及加强卫生和其他社会服务。然而，在保护和发展目标之间经常会出现持续的紧张关系，例如，中国对发展区划的标志性的面向生态系统的“生态红线”方法（Bo et al.，2019）和正式保护地的发展正在推进。为了弥合这一明显的部门鸿沟，其还促进了更全面的“循环经济”策略（Liu et al.，2017），以充分保护中国的基本生态资源（Liu et al.，2008；Xu et al.，2017），同时满足人们的需求。从全面角度来看，如果在开发和应用过程中强化司法保障，生态旅游将在促进环境保护和社区发展方面具有明显的能力。

根据严格的贸易保护主义准则，相比于省级和国家级性质自然保护地，新的国家公园系统提出了一个更平衡的模型（Cao et al.，2015；Xu et al.，2017；He et al.，2018)。但是，除了正式的公园外，还应该记得，许多当地居民(一直在保护和利用社区的土著社区和土著人民)世世代代致力于可持续的景观开发。作为整个环境的长期(原始)所有者或保管人，他们最近在全球范围内获得越来越多的认可和赞赏。在以其经济潜力而闻名的旅游业中，生态旅游显然对人类和自然都起着非常重要的作用。保护区，包括土著和社区保护区(ICCA)，也可以用作人类为适应气候变化而集体努力的工具(Gross et al.，2016)。另外，在ICCA或更低版本中，以目标为导向的生态旅游等非消耗性资源的使用占有重要地位，并有望同时实现多个目标。但是，山区社区本身在决策中具有重要"机构"或权威；人们仅被视为文化旅游的资产，就像看到的高山、冰川和野生动物一样，仅被视为自然旅游的资产。当地的决策者不应仅听取外部专家的意见，还要听取在该地区生活了很长时间的当地住民的意见。这是至关重要的，因为每一方都有自己的知识系统，而且知识系统通常非常不同，有时甚至识别不同意见的"认知方式"也不同，这对于确保发展至关重要。公平与正义是可持续发展的两个基本要素(Stevens et al.，2016；Jonas et al.，2017)。更深入地看，又出现了一个问题：谁在与谁合作？在其可持续山区的全球优先事项清单中，政府政策可以产生深远的影响。他们还指出，任何可能进一步加剧山区社区边缘化的行为都必须得到高度重视，并且防止旅游业触及生计和文化遗产。由于这些原因以及更多原因，这里提到以社区为中心和以目标为导向的生态旅游在促进青藏高原的公平公正和可持续发展中发挥着特别重要的作用。最后，对于当地的IPLCs来说，保护自然环境[包括高山草原和野生动植物(有时被称为陆地上的宝石)]的需求并不难理解，因为这代代相传，他们已经意识到必须促进可持续发展和保护。然而，在近代，尽管给自己和他人造成了长期的巨大损失，但全球化带来的压力以及社会和文化遗产的丧失使许多人陷入了寻求短期收益和利益的陷阱。在真正的合作伙伴关系和综合的整体方法的基础上，生态旅游可以为公园、青藏高原和其他地区的居民的可持续发展作出重要贡献。

6.3.3 局限性

6.3.3.1 玛多县与杂多县之间的对比

逻辑回归模型和拟泊松回归模型都表明，玛多县的平均WTP、WTW和WTA估计值高于杂多，特别是玛多的WTW是杂多的2倍。异质性答复可能不仅是由于海拔、地理位置、生态系统类型和人口历史的混杂，而且还由于这两个县不同的开发方法、自然资源的分布、人口构成以及贫富之间的差异所造成的。在受教育程度不高的欠发达地区(包括三江源国家公园)进行的邮件调查，对于整个社区的代表性来说，在随机抽样中可能会遇到困难。但是，本研究力图尽可能使调查样本平均分配给两个县的300多个家庭并检查每个答复的完整性，以减少抽样偏差。考虑到两个县和被调查居民的样本数量以及实际地理和人口统计学特征不可避免的局限性，无法精确地预测研究领域中两个县之间这种对比的具体原因。在农村和欠发达城镇中，这种类型的标准调查表研究也可能因随机样本的可获取性以及文盲或半文盲参与者回答的完整性而产生偏差。但是，由于估算的WTP、WTW和WTA是根据这两个县的平均值计算的，因此这些数字可用来表示三江源国家公园的支付意愿。通过控制县的潜在影响、逻辑回归和拟泊松模型可以为与支付意愿的相关因素提供较少的偏差结果，从而为生态保护管理者提供决策依据。

6.3.3.2 条件价值评估方法(CVM)

本研究中使用的CVM方法有助于确定影响居民支付、工作和接受补偿意愿的主要因素，作为环境和生态产品与服务的定量价值。然而，在许多案例研究中，发展中国家使用CVM估算的WTP和其他生态价值被低估了(Solikin，2017)。一种可能的解释是，除了典型的资本和劳动力外，发展中国家的人们可能对环境商品和服务有不同的偏好。例如，发展中国家的居民可能更喜欢出售其手工制作的纪念品或提供私人指导服务来为政府工作。另一种解释强调贫困对估值的影响，即有限的收入用来维持生计而导致的效果，而不是像三江源国家公园那样是因为实际偏好上的不足。解决这一问题的建议是，地方政府应将非货币出资作为一种支付方式，以更好地评估居民的支付意愿(Solikin，2017)。

6.4 小　结

国家公园中适当的定价政策可以用作一种工具，不仅可以成功实现对国家公园的可持续管理，还可以向居民提供价格公道的优质产品和服务。核心问题是如何为国家公园制定适当的定价政策。公园资源(如风景秀丽和濒危物种的保护)不像许多其他商品那样在市场上交易，因此它们需要使用非市场估值技术。非市场估值常用的方法之一为CVM，本研究使用CVM为三江源国家公园的可持续管理确定适当的定价标准。

这项研究将逻辑斯蒂和拟泊松建模技术应用于基于问卷中的支付意愿问题，并用第一手所获得的调查问卷数据进行分析。研究结果为三江源国家公园管理人员提供了有益的信息，也为其他自然保护区提供了借鉴经验。

在这项研究中，收入和受教育水平对居民的 WTP 和 WTA 具有重要影响，其他社会特征，例如，性别和年龄对其没有显著影响。社会信任(对生态旅游在当地发展的支持程度)是居民支付意愿的重要因素。尽管居民受教育程度有限，管理机构仍应考虑通过改进的补偿系统和公共监督机制来巩固他们的信任，其不理解条款并不妨碍其支付意愿。此外，与政府资助相关的因素导致居民倾向于 WTP、WTW 和 WTA，但是由于地理和社会差异，不同县之间的支持水平有所不同，为了解决受访者的偏见，调查强度和简易性应该进行改进，以巩固将来的研究中支付意愿的评估结果。居民们认为，他们 WTP 的产出应用于保护和恢复野生动植物、植被、土壤和水资源。值得注意的是，生态旅游不仅是到拥有美丽风景或存在野生生物的地方进行的旅游，而且还是一种自然旅游。生态旅游远不止于此，从根本上说，生态旅游更关注成果(通过发展伙伴关系和开展的活动取得的成果)，而不是资产。根据定义，生态旅游应既负责任又可持续。然而，情况并非总是如此，因为任何特定的旅行都是负责任的或可持续的，这本身并不意味着或没有必要将这种冒险活动标记为生态旅游本身，这些属性只是指向它们直接基于特征的旅游类型学名称。本研究可以为邻国、其他发展中国家和世界保护组织的人们提供有益的结果和启示。

第 7 章 居民对国家公园生计策略和优化方案倾向性及建议

政府关于生物多样性和生态系统服务平台(IPBES)的科学政策旨在通过评估和整合有关生物多样性的所有形式的知识来桥接科学与政策(Turnhout et al.，2014)。其雄心勃勃的目标不仅与自然科学而且与社会科学和人文科学以及土著和地方知识体系都息息相关。最近的生物多样性和生态系统服务政府间科学政策平台(IPBES)评估表明，在全球范围内，如果没有对社会决策系统之间的反馈关系的进一步理解，就不可能实现可持续性目标。同时，治理体系的有效性也有所提高(Mastrángelo et al.，2019)。可持续发展一直是联合国会员国政策的核心(Cardillo & Longo，2020)。在所有评估中，设立自然保护地已成为 150 多个国家最普遍采用的方法。作为自然保护措施主要类型的国家公园，在中国的自然保护系统中扮演着重要角色，已有近 150 年的历史(Zhou & Grumbine，2011)。许多研究着重于政策和居民的社会经济特征对其决策和行为的影响，其中包括决策和行为，以及具有描述性的家庭和生计变量的决策模型。特别是，曹世雄等(2009)发现居民的性别、教育程度、年龄、地理位置和年净收入与他们的土地使用计划和对生态补偿计划的态度密切相关。聂波等(2014)报道了一个回归模型，该模型表明，家庭受访者的人数、家庭成员的人数、耕地面积以及对补偿的满意程度是影响居民保护西部生态意愿的最重要因素。其他研究还发现，应该考虑生态保护补贴、生态补偿计划的期限、家庭劳动力、经济收入以及房屋与土地的距离(Yang & Xu，2014；Wang et al.，2010)。尽管先前的研究揭示了有价值的模式和含义，但仍然存在 3 个主要限制。第一，在这些研究中选择的初始因素之间存在显著不一致，这可能导致不同的结论。第二，大多数研究通常基于以下假设：居民的行为和意图对政府的生态补偿政策具有同质的积极作用(Deng et al.，2016)。但是，该假设可能在每个国家公园(例如三江源国家公园)中均无效。实际上，Knowler 等(2007)在他们的荟萃分析中总结说，社会经济特征通常对居民的收养决定影响很小。第三，在这些研究中广泛使用的社会心理学方法不足以区分居民采用改良技术的意图(Borges et al., 2014)、保护行为(Wauters & Mathijs, 2013)、土地利用计划(Poppenborg & Koellner, 2013),气候变化适应(Truelove et al., 2015)或水养护(Yazdanpanah et al., 2014)。国家公园的生计和生态保护一直是国际上关注的焦点(Western & Wright, 1994; Brandon & Wells, 1992)。特别是,人们非常重视量化当地居民从生物多样性中获得的经济利益。Mbile 等(Allendorf et al., 2012)评价了库鲁普国家公园在社区生计与公园的长期管理与生存之间的潜在联系,该公园是喀麦隆的重要生物多样性保护区。蒂莫西等(Baird & Leslie, 2013)使用混合方法来研究坦桑尼亚北部塔兰吉雷国家公园附近社区与远离公园的社区相比,生计多样化的特征和发生率,从而深入了解影响家庭生活水平结果(例如收入和财富)的潜在机制。尽管有一些研究讨论了生计与自然保护之间的联系,但很少有人分析影响居民对自然保护和生计权衡的因素。实际上,考虑到数据结构和上述研究的局限性,通过方差分析(ANOVA)的方法来测试影响居民对自然保护和生计权衡因素的研究是可靠的。本研究根据之前的入户访谈资料设计了 8 种加强自然保护和提升生计的优化方案,并旨在分析影响居民倾向于"改变"的所有因素。尽管社区居民是计划的被实施者,但他们对保护区自然保护和生计发展的看法,对于决策者设计扩展政策以增强保护成果的可持续性是有益的。除了主要问题,对于这样一系列的社会生态转型政策,本研究和地方政策制定者还关注 3 个子问题:①三江源国家公园的最佳区域生计解决方案是什么?②当地居民的真正意图是什么?③还有哪些其他非经济因素与这些意图有关?显然,居民保护生态的意图和行为与其生计和保护区优化计划的结果密切相关。为了回答上述问题,本研究旨在确定影响居民对保护区的偏好和生计优化策略的因素。除此之外,研究还为决策者提供了有关发展当地经济扩张政策、设计新的自然保护地以及采用其他可持续性选择的信息,与本研究中设计的生计和园区优化方案类似。

7.1　研究方法

7.1.1　数据来源

笔者总共访问了三江源国家公园的玛多县和杂多县的 196 名居民,并要求他们填写关于优化生计和自然保护趋势的标准问卷。该调查于 2018 年 7 月至 8 月进行,对个人、社会经济和家庭基本信息(包括姓名、联系方式、地址、性别、年龄、受教育程度、家庭年收入、主要家庭收入来源、家庭每年获得的生态补偿、主要生态补偿类型、居留时间以及是否在2016年之后迁出国家公园)在调查开始时进行了收集。同时,还收集了居民对生态保护区的认识、修订和补偿,是否访问保护区,对周围生态和环境的满意度,是否认为有必要改善生态和环境,对当前生态和环境保护的效果的满意度,对国家公园的态度等信息,调查了旅游者对生态的影响以及是否认为有必要发展旅游业以了解居民对生态、环境、旅游业和政府政策的认识和态度。这些因素是基于计划行为理论和当地实际情况而设计的变量,符合本研究的目的。为了优化居民的生计和国家公园建设趋势,设计了8个心理问题(表7-1),以明确检验他们对土地开放性、旅游业开发用地面积、搬迁、政府生产指南以及政府提供生态补偿的偏好。除了这些问题之外,还记录了优化政策和生态补偿的信心以及在回答此问卷时的确定性。在进一步分析之前,检查数据的完整性和有效性。家庭年收入应不少于家庭每年获得的生态补偿,否则,家庭年收入可能被错误地记录,标记为NA数据。

表7-1 优化生计改革策略的8个心理问题

问题1	选择A	选择B	选择C
保护地的开放度	完全关闭(-2)	完全关闭(-2)	维持现状
保护地的开放面积	减少10%(-1)	减少10%(-1)	维持现状
保护地居民的分配	分组移动分配(+1)	分组移动分配(+1)	维持现状
保护地居民的经济转型	经济作物(-2)	劳动(+2)	维持现状
补偿金额(每百亩每年人民币)	100(+1)	500(+5)	维持现状
问题2	选择A	选择B	选择C
保护地的开放度	互动旅游(+1.5)	全面发展(+2)	维持现状
保护地的开放面积	减少10%(-1)	减少10%(-1)	维持现状
保护地居民的分配	在原始位置分配(0)	分组移动分配(+1)	维持现状
保护地居民的经济转型	乡村旅游(+1)	劳动(+2)	维持现状
补偿金额(每百亩每年人民币)	100(+1)	100(+1)	维持现状
问题3	选择A	选择B	选择C
保护地的开放度	观光旅游(+1)	观光旅游(+1)	维持现状
保护地的开放面积	减少10%(-1)	增加10%(+1)	维持现状

（续）

问题 3	选择 A	选择 B	选择 C
保护地居民的分配	分组移动分配(+1)	在原始位置分配(0)	维持现状
保护地居民的经济转型	劳动(+2)	劳动(+2)	维持现状
补偿金额(每百亩每年人民币)	100(+1)	100(+1)	维持现状
问题 4	选择 A	选择 B	选择 C
保护地的开放度	观光旅游(+1)	全面发展(+2)	维持现状
保护地的开放面积	增加 10%(+1)	减少 10%(-1)	维持现状
保护地居民的分配	在原始位置分配(0)	在原始位置分配(0)	维持现状
保护地居民的经济转型	经济作物(-2)	生态管护员(0)	维持现状
补偿金额(每百亩每年人民币)	500(+5)	500(+5)	维持现状
问题 5	选择 A	选择 B	选择 C
保护地的开放度	互动旅游(+1.5)	互动旅游(+1.5)	维持现状
保护地的开放面积	减少 10%(-1)	增加 10%(+1)	维持现状
保护地居民的分配	在原始位置分配(0)	分组移动分配(+1)	维持现状
保护地居民的经济转型	经济作物(-2)	乡村旅游(+1)	维持现状
补偿金额(每百亩每年人民币)	100(+1)	500(+5)	维持现状
问题 6	选择 A	选择 B	选择 C
保护地的开放度	完全关闭(-2)	全面发展(+2)	维持现状
保护地的开放面积	减少 10%(-1)	减少 10%(-1)	维持现状
保护地居民的分配	在原始位置分配(0)	在原始位置分配(0)	维持现状
保护地居民的经济转型	生态管护员(0)	乡村旅游(+1)	维持现状
补偿金额(每百亩每年人民币)	100(+1)	100(+1)	维持现状
问题 7	选择 A	选择 B	选择 C
保护地的开放度	互动旅游(+1.5)	全面发展(+2)	维持现状
保护地的开放面积	减少 10%(-1)	减少 10%(-1)	维持现状
保护地居民的分配	分组移动分配(+1)	分组移动分配(+1)	维持现状
保护地居民的经济转型	生态管护员(0)	经济作物(-2)	维持现状
补偿金额(每百亩每年人民币)	100(+1)	1000(+10)	维持现状

（续）

问题 8	选择 A	选择 B	选择 C
保护地的开放度	观光旅游(+1)	完全关闭(-2)	维持现状
保护地的开放面积	减少 10%(-1)	增加 10%(+1)	维持现状
保护地的开放度	观光旅游(+1)	完全关闭(-2)	维持现状
保护地居民的分配	分组移动分配(+1)	在原始位置分配(0)	维持现状
保护地居民的经济转型	生态管护员(0)	乡村旅游(+1)	维持现状
补偿金额(每百亩每年人民币)	100(+1)	500(+5)	维持现状

意识和满意度从负到正的程度编码为-2、-1 到 1、2，而中性则编码为 0。按照其他研究中常用的方法，对 5 个类别中的每一个类别的生计趋势和保护政策进行了评分。对于这八个问题中的每一个，国家公园的开放程度和面积、国家公园居民的分配和经济转型的选择、补偿金额包括 3 种情况，分别代表不同的趋势。每个问题中的第三个场景始终是保持现状，每个选择都分配有一个趋势开放度值。对于每个问题，如果居民的答案是第一或第二选择，则将计算第一情景和第二情景之间的差异以对居民的趋势开放度进行评分。如果居民对问题的回答是第三选择，那么对于该问题，他或她将获得 0 分的开放性。如果不是第三选择，则该居民将获得该问题的相应公开分数。总体而言，对所有至少回答了 8 个问题中的 5 个问题的居民进行评分，并且在对所有 8 个问题求平均值之前，将他们回答每个问题的分数进行标准化，以获得这些居民的开放性倾向最终得分。

7.1.2 方 法

由于数据集完整，适合于假设的模型，因此将变量分为 5 组，即：居民的人口和社会经济状况、获得的生态补偿、对生态和环境保护的感知和意识、对生计的信心和补偿政策、国家公园的生计趋势和保护政策。为了进行方差分析，针对其余 4 组中的每组分别建立了趋势线性模型，在该组中，县始终作为随机效应存在。在适用的情况下，将中性响应设置为分类变量的参考水平。除县以外的重要术语将通过事后多重比较和多重比较法方法进行进一步分析，以在 95%置信度下进行 p 值调整。通过 R 3.5.1 中的拟合优度和充分性检查线性模型。依据社区居民的人口和社会经济状况、获得的生态补偿、对生态和环境保护的感知和态度、对生计和补偿政策的信心，以及国家公园生计和保护政策的趋势进行 ANOVA 分析，分别建立了线性回归模型。并对其余 4 个群体的趋势进行了分析，采用事后多重比较法进一步分析除县外的重要项，进而分析影响社区居民对生计方式和园区优化方案的感知倾向性因素。

假设：潜在心理结构的特征，如社区居民的意愿和感知与居民生态保护行为有关。

7.2　研究结果

方差分析的结果显示在表 7-2 中：①用于居民人口和社会经济状况；②用于获得生态补偿；③用于感知和认识生态与环境保护；④用于信任民生和补偿政策，所有这些都违背了生计趋势和国家公园保护政策。每个模型中重要术语的事后多重比较在相应的表格下方列出。

表 7-2　4 个主要因素对居民倾向影响的方差分析结果

因素	自由度	平方和	F 值	显著性
人口和社会经济状况				
县	1	2.151	12.27	***
性别	1	0.012	0.068	ns
教育水平	4	0.392	0.558	ns
年总收入	1	0.241	1.377	ns
主要收入来源	3	3.342	6.353	***
是否搬家	1	0.002	0.013	ns
居留时间	1	0.054	0.307	ns
人口因素和社会经济因素的残差	107	18.76		
收到的生态补偿的金额和类型				
县	1	2.593	14.27	***
年生态收入	1	0.02	0.108	ns
补偿类型	4	0.888	1.222	ns
生态补偿因子的残差	162	29.43		
对自然保护的感知和认识				
县	1	2.49	19.52	***
生态红线补偿的意识	4	1.599	3.135	*

（续）

因素	自由度	平方和	F 值	显著性
对国家公园的意识	4	1.601	3.138	*
探访保留与否	1	0.02	0.156	ns
参观国家公园的次数	1	0.144	1.126	ns
生态环境得分	3	1.292	3.377	*
需要改善生态环境	2	0.207	0.813	ns
政府满意度得分	3	0.609	1.591	ns
生态影响感知	2	1.002	3.926	*
需要旅游发展	2	2.904	11.38	***
对自然保护因素的感知和认识的残差	127	16.2		
生计和补偿政策的信心				
县	1	1.74	10.25	**
信心政策	4	1.107	1.63	ns
信心补偿	4	2.236	3.292	*
居民对生活的信心和补偿政策因素	149	25.3		

注：*，** 和 *** 的显著性表示 F 检验的 p 值，分别为 $p>0.05$、$0.05<p<0.01$、$0.01<p<0.001$；ns 为 $p<0.001$，表示差异不显著。

县始终是一个有用的随机效应，因为它在每个模型中都很重要。对于人口和社会经济状况（表 7-2），只有主要收入来源对居民的生计趋势和国家公园保护政策有重大影响。与生态保护经理不同的是政府补偿的来源。值得注意的是，只有从政府补偿中选择来源的居民才具有明显的积极趋势，而其他人则没有选择其他三种来源的倾向。

对于获得的生态补偿，生态补偿的年收入和补偿类型都不重要。对生态和环境保护的认识，对生态红线和生态补偿的认识，对自然保护的认识，对生态和环境状况的评分，对生态影响的认识以及对旅游业发展的需求是重要因素。但是，对生态学红线和生态补偿的认识水平和对国家公园的认识水平都没有显著差异。就生态和环境条件的得分而言，非常满意的（2）和不满意的（-1）在相应趋势方面存在显著差异。对生态影响的不关心（0）和积极看法（1）显著不同。旅游业发展的所有三个层次的需求都有很大的不同。但是，这些因素中只有一定水平对应于显著趋势，如图 7-1 和表 7-3 所示。

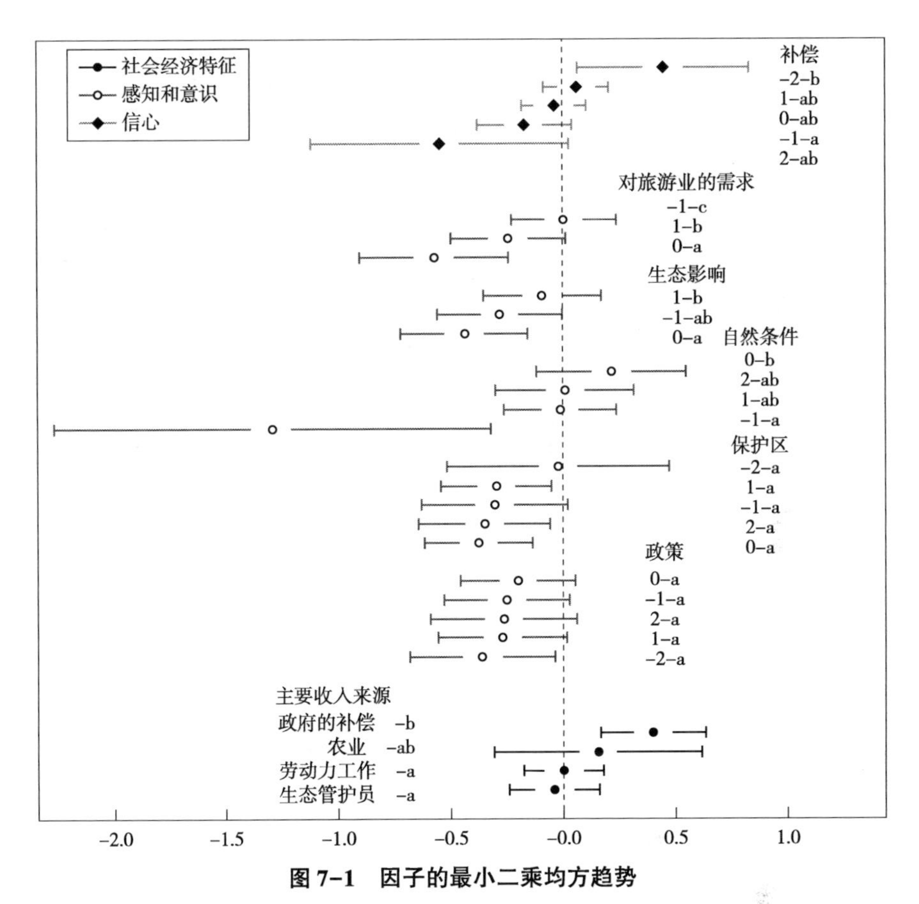

图 7-1　因子的最小二乘均方趋势

表 7-3　ANOVA 在主要收入来源、获得的生态补偿的类型和金额、对生态和环境保护的看法和认识以及生计和补偿政策的信心方面的多重比较结果

主要收入来源的多重比较			
主要收入来源	最小二乘均值	标准误(显著性)	组
生态管护员	-0.0407	0.1026	1
劳动	0.0038	0.0898	1
农业	0.1554	0.2347	12
政府赔偿	0.4008	0.1189 ***	2
对生态红线和生态补偿意识的多重比较			
对生态红线补偿的意识	最小二乘均值	标准误(显著性)	组
-2	-0.359	0.163 *	1
1	-0.270	0.145	1

（续）

对生态红线补偿的意识	最小二乘均值	标准误(显著性)	组
2	-0. 262	0. 165	1
-1	-0. 249	0. 142	1
0	-0. 199	0. 130	1
对国家公园意识的多重比较			
对国家公园的意识	最小二乘均值	标准误(显著性)	组
0	-0. 375	0. 122***	1
2	-0. 348	0. 148*	1
-1	-0. 302	0. 166	1
1	-0. 295	0. 125*	1
-2	-0. 020	0. 252	1
生态和环境条件得分的多重比较			
生态环境得分	最小二乘均值	标准误(显著性)	组
-1	-1. 294	0. 496**	1
1	-0. 009	0. 128	12
2	0. 012	0. 157	12
0	0. 219	0. 169	2
对生态影响感知的多重比较			
对生态影响的感知	最小二乘均值	标准误(显著性)	组
0	-0. 434	0. 144***	1
-1	-0. 279	0. 140 *	12
1	-0. 091	0. 134	2
对旅游发展需求的多重比较			
对旅游发展需求	最小二乘均值	标准误(显著性)	组
0	-0. 569	0. 169***	1
1	-0. 241	0. 131	2
-1	0. 006	0. 119	3
对补偿信心的多重比较			
对补偿的信心	最小二乘均值	标准误(显著性)	组
2	-0. 546	0. 292	12
-1	-0. 170	0. 107	1

（续）

对补偿的信心	最小二乘均值	标准误（显著性）	组
0	−0.036	0.074	12
1	0.064	0.073	12
−2	0.448	0.194 *	2

注：*，** 和 *** 的显著性表示 F 检验的 p 值，其中 $p>0.05$、$0.05<p<0.01$、$0.01<p<0.001$；ns 为 $p<0.001$；表示差异不显著。

对于生计和补偿政策的信心，只有补偿政策对该趋势有重大影响。唯一显著不同的是在强烈不自信(−2)和某种程度上不自信(−1)之间，前者是唯一具有显著正趋势的补偿政策的置信度。

基于研究结果，假设成立。即：潜在心理结构的特征，如社区居民的意愿和感知与居民生态保护行为有关。

7.3　讨论与建议

7.3.1　讨　论

(1)政府补偿作为主要经济来源，在居民对国家公园和生计优化计划的支持中起着至关重要的作用。

对于人口和社会经济状况(表 7-2)，只有主要收入来源对居民的生计趋势和国家公园的保护政策有重大影响。与环境保护负责人不同的是政府补偿的来源。值得注意的是，只有从政府补偿中选择来源的居民才有明显的积极趋势，而其他人则没有选择其他 3 种来源。来自政府收入的因素使他们更倾向于相信政府。他们的财富使他们更加豁达，他们认为“改变”值得一试。本研究解决了关于缺乏探索居民对生计模式和保护区优化方案的倾向行为的可行框架的担忧。同样，Beedell 等(2000)报告说，居民的意愿极大地并积极地影响了居民的保护行为，因此，可适当地利用居民的意愿来反映他们的预期行为。Edwards-Jones(2006)得出结论，居民的行为决定受到多种因素的影响，包括他们的社会人口统计学和更广泛的社会环境。邻居和家人的建议以及政府的指导都会影响居民保护生态成就的态度。研究结果表明，社区的积极指导和倡导可以用来改善居民对生态保护的态度，但是，方向没有定义。自然，居民对生态的看法和利益可能会积极影响他们对生态保护的态度。在某种程度上，这种影响将使居民以积极的态度发展，并使人们对生态效益的理解更加容易。尤其是，居民的意愿受到个人和外部观点及态度的影响。影响最大的因素是邻居的压力，其次是政府和家庭成员。这一发现，支持了居民决策过程的外部和内部影响变量(Meijer et al. , 2015)。(Deng et al. , 2016)声称，通过政策培训，公众可以被引导朝着积极的方向表达意见并进行宣传。因此，更广泛的政策宣传和解释必须增强居民的生态保护意识。

(2)生态补偿的金额和类型对居民的倾向性没有显著影响。

对于获得的生态补偿(表 7-2)，生态补偿的年收入和补偿类型对其偏好并不重要。概念性的事情可能不是很容易理解。由于大多数居民的受教育程度是有限的，因此他们不能理解专业术语，也没有考虑它，但这并不妨碍他们向新的社会生态转变的趋势。这是可以预期的，因为不同居民获得的生态补偿额的变化幅度不大。而且，生态补偿的类型与居民的实际收入没有直接关系。因此，地方政府可以通过应用所有可能的补偿措施来建立居民参与自然保护活动的趋势，从而维持适用于居民的生态补偿的金额范围。

(3)对政策和自然保护的意识、环境条件的得分。

对人类影响的感知以及对旅游的需求是影响居民发展趋势的四个重要因素，这些趋势也与他们的生计有关。对生态和环境保护的理解(表 7-2)，对生态红线和生态补偿的理解，对自然保护的理解，对生态和环境状况的评级，对生态影响的理解以及对旅游业发展的需求是重要因素。但是，对生态红线和生态补偿的理解水平与对国家公园的理解水平没有显著差异。就生态和环境条件的得分而言，在非常满意(2)和不满意(-1)的相应趋势上存在显著差异(图 7-1)。不关心(0)和对生态影响的正面看法(1)之间存在显著差异(图 7-1)。Shuifa(2007)指出，在大多数情况下，参与中国生态恢复计划的居民倾向于假设理性(即基于他们的能力和需求)，而不是情感上的行为(即基于喜好)，指的是他们的未来计划，这些行为主要基于个人能力、家庭决策条件以及成本和收益估算。这一观察合理地支持了居民自我评估的重要性及其保护生态成就的能力、在旅游业发展的所有 3 个层次的需求上都存在显著差异。但是，如表 7-2 所示，这些因素中只有一部分与显著趋势相对应。研究还表明，影响居民利益的主要因素是显著的，居民最关心他们的利益。

因此，政策制定者应更加重视改善居民对生态效益的看法，例如直接通过基础设施的发展来改善农村社区的生活条件和环境。同时，有必要提高居民参与生态保护的能力。本研究提出了实现这一目标的两种途径：利用区域综合发展来帮助居民增加收入，推广农民职业技能培训的措施，以提高居民职业技能、生产的效率和收入。

(4)居民对生计和补偿政策的信心及其倾向的积极性明显不同。

对于生计和补偿政策的信心(表7-2)中只有对补偿政策的信心会对趋势产生重大影响。唯一的显著差异是在很强的自信心(-2)和自信心(-1)之间(图7-1)。

如表7-2所示，他们越相信政策，他们就越有可能做出改变，而政府在他们心中的影响力将在很大程度上决定他们对未来的持续信任。如果政府想更好地处理居民与政策之间的关系，就应该给予居民更大的信心和信任，以取得双赢的结果。研究表明，居民对现行补偿政策的信心是决定其生计模式和对保护区优化方案支持的最有效因素。尤其是，居民越是坚定地相信补偿政策，他们改变的可能性就越大。结果表明，影响居民支持补偿政策的主要因素包括合理补偿和(Cacho et al.，2014)。但是，在中国的自然保护地中，实施生态补偿政策后，居民只能得到很少的生活津贴。

(5)县总是一个有用的随机效应，但本研究存在一定局限性。

结果表明，异质性在海拔、地理位置和生态系统类型上是不同的，从而导致不同的结果。但是，由于本研究的局限性，无法在研究领域中准确预测产生此问题的具体原因。这项研究为运用ANOVA方法探索三江源国家公园地区居民的生计方式以及影响居民倾向性因素的保护区优化方案提供了重要的见解。即使这样，在这项研究中也应注意局限性。首先，很难完全准确地测量潜在变量。Oppenheim(2000)报告说，受访者倾向于以以下方式回答问题：被他人喜欢。居民的积极情绪可能被夸大了，因为他们可能回答了以下有关他们认为是研究人员想听到的问题(Meijer et al.，2015)。这种情况可能导致更明显的社会可取性偏差，并最终导致数据偏差。问题出在城市规划和社会调查上(Ajzen，2011)。为了减少这种偏见，笔者已经采取了应对措施，包括在调查表项目之前进行更详细描述的规定，并鼓励居民诚实。考虑数据分析期间的另一个限制是缺乏社会经济因素。尽管根据社会心理因素对这一过程进行了很好的解释，但居民的社会经济和个人特征在决定其社会认知和态度方面起着重要作用(Martínez-García et al.，2013)。因此，今后的研究应考虑其他因素，以获得更多有价值的信息，并加深对居民生计模式和保护区优化方案设计比例的了解。

7.3.2 建议

7.3.2.1 加强保护区网络和区域/景观级别的保护

并非所有的保护都发生在保护区内，相反，长期的区域保护采用景观层次和土地利用矩阵的方法来实现多层次多类型的保护(包括但不限于保护地)。保护地仍然发挥重要作用，尤其是在拓宽我们对治理的理解和管理选择方面。

总体而言，在全球环境基金(GEF)和其他金融工具的支持下(包括中国的青海省和新疆维吾尔自治区以及吉尔吉斯斯坦、塔吉克斯坦和中亚其他地区)，通过联合国开发计划署(UNDP)等组织十年的工作，政府已经推动了将生物多样性的价值纳入各部门的主流。政府高层一直利用杠杆效应，将重点放在一种极具魅力的物种——雪豹上，雪豹是高山生态系统的标志。全球雪豹和环境保护(GSLEP)计划明确阐明了许多优先需求，包括保护雪豹景观的机会、本地放牧和附近地区农业社区的兴趣和愿望。在中国，政府将建立国家公园以实现以下目标的结合：生态保护与可持续发展目标之间的平衡保护和利用，发展机会应提供给当地人。这之所以成为可能，部分原因是居民现在开始被公认为是环境保护的主要力量，“保护”有望提供工作机会，并增加当地居民的收入。采用这种并行和强化观点将使保护范围更广、持续时间更长(单个项目周期)，并提高效率(通过提高社区参与度和计划、活动的“所有权”)。广泛的景观保护观点，包括但不限于国家公园和其他保护区，应该在中国西部得到更广泛的应用，应该作为中国生态文明建设的基本支柱，同样也应该被更明确地识别为核心价值。

7.3.2.2 通过伙伴关系和共同管理获得惠益共享(ABS)

获取自然资源以及从生物多样性中受益的能力包括土地、水和其他自然资源以及不得损害当地社区和新的外部利益相关者来到该地区。发展伙伴关系和社区共同管理方法代表了理想的前进之路，然而在现实中应用并不总是那么简单。谈判和妥协意味着并非每个小组都有同等的力量或发言权。在中国的许多地方，人们越来越频繁地听到这个概念，但并非每个人都能听到，也不是每个人都了解国家公园系统的各个方面。例如，在国家公园的核心地区，当地居民需要搬迁；出于明显的原因，大家的反应不一。面对搬迁，在三江源地区的牧民一直在为获得更好的将来而努力。在新的教育机会的帮助下，要考虑下一代的未来，对如何回应政府的此类政策(例如，是否出售牲畜和过渡进入一种新的生活方式，或“坚持”并暂时将其动物借给其他家庭成员，或计划留给草地上的邻居)、对预期的文化丧失和传统的牧养习俗、对所有的变化和挑战，有一个普遍的未知认识。同时，相对于更严格的“保护主义”，中国的自然保护地主要侧重于自然保护，最近转向于在保护区管理方面的更多合作方式，特别是在保护区的发展方面，中国的国家公园系统(具有双重任务，即包括保护和社会经济发展)在它所代表的趋势中是有希望的。简而言之，必须认真注意确保基础设施的发展和商业机会，以及对保护区的管理。实际上，在更广阔的环境中对任何自然资源进行的开发，要始终以能够为当地带来最大优势的方式进行，而不是主要根据外部驱动因素进行选择或提升。同样，应特别注意确保传统知识，保留农业和生物多样性，作为气候条件下的保护性适应机制变革，并在快速发展的时代帮助当地社区锚定并保持文化连续性和全球化。通过这种对社区友好的方法，可以更公平地获得和分享自然资源和其他当地资产带来的惠益。

7.3.2.3　放牧的可持续性

放牧不仅是一种经济职业，更是一种农业，是农业的子系统。放牧也是一种粮食生产系统，是一种生计，通常是一种文化身份。传统上，放牧已是社区将牧场资源转化为基本生活必需品的一种谋生手段。尽管存在一些长期的根深蒂固的偏见以及农业和城市人口带来的压力，但是牧民的适应能力引导他们通过评判和试错，以选择灵活、迅速的决策流程和季节性移动土地使用模式，使他们能够对多变的且常常是不可预测的气候做出务实的反应。这并不意味着滥用(包括过度使用)自然资源和随之而来的后果。牧场至少在一定程度上是由牧草介导的，不会发生社区环境退化。在发生这种土地退化的地方，往往通过改变自然资源的使用方式来显著改善(通常是由于强加了或被动地)社会政治结构，或导致某些功能(或“设计原则”)减少而受到影响，而这些通常与共同资源的可持续管理相关。对社会、经济和生态相互联系采取更综合的观点，牧场和山区生态系统越来越被认为是实现可持续性的重要系统。联合国环境规划署(环境署)和世界自然保护联盟(IUCN)还强调了牧民的角色是占世界总土地面积的四分之一。2 亿至 5 亿人在全球范围内实行放牧，包括游牧社区和农牧民。尽管如此，关于牧业的四个重要事实被广泛忽略。

(1)牲畜(和野生动植物)的流动性对于维持旱地生态系统的健康至关重要，用于固碳、流域保护和生物多样性保护；

(2)集约化畜牧系统会产生高水平的碳，从而使环境恶化，二氧化碳和甲烷会污染水道，导致土地退化；

(3)可持续的牧业系统比传统的牧草系统更有效率；

(4)放牧是一个普遍存在的问题，因为无论是发展中国家还是发达国家的放牧者都面临着许多环境和经济挑战，同时也面临机遇。

此外，牧场的可持续利用和保护所带来的好处能够惠及区域乃至全球，尤其通过上游与下游水域的联动。放牧不仅可以被看作是一种获取资源的途径，而且其本身更是山区和牧场社会生态系统的文化资产，也是生态系统服务的提供者。多数牧区系统都沉浸于文化实践和原住居民知识，即“文化服务”，其价值非常高，而且往往是不可替代的。即便其不能提供直接的商品和服务，如肉、牛奶和纤维等，但世界高海拔地区的牧民文化仍是一种可行的生计选择。不可以摒弃放牧，而是要重振传统习俗和原住居民知识，从而确保全球成百上千万牧民的可持续生计，以及维持牧场的生物多样性和生态系统服务。

7.4 小　结

国家公园居民的生计与自然保护之间的复杂关系和特定于环境的关系给国家公园管理带来了许多挑战。尽管可能需要一种长期的跨学科方法来充分理解环境与特定国家公园之间的关系，但现实情况是，大多数国家公园管理决定都是由在保护区工作的人员做出的。管理层了解公园与人之间的关系并改善管理的一个潜在切入点是通过研究当地人对国家公园的理解。本章的方差分析结果区分了趋向因素对居民生计方式的影响以及保护国家公园的优化方案。在三江源国家公园地区，此处提供的分析和框架对于考虑这种社会生态现象中更广泛的社会生态转型和政治方面可能非常有用。研究结果暗示了来自政府收入的因素使居民更倾向于相信地方政府，而财富使他们更加开放，从而回答了这项研究的主要问题——值得尝试接受居民观念的“变化”，显然，通过增加政府补偿的收入，居民更愿意接受政府的新政策措施。至于本研究的 3 个子问题，从 3 个方面来看都是有益的。首先，由于受教育水平的限制，大多数居民无法理解专业术语(例如，居民不了解的生态补偿、生态红线等)，因此概念上的规定可能使他们难以理解。实际上，居民没有考虑条款和条件，但是这种情况并没有妨碍政府实施新的政策趋势。为了解决这一矛盾，政府可以邀请居民散布有关政府补偿政策的专业条款，以提高居民对政府政策的认识。其次，居民对政策和措施的比较支持与他们的利益密切相关。但是，由于地理和社会的异质性，不同县之间的支持水平也不同。建议在未来的研究中，将研究规模扩大到居民的生计方式和国家公园优化计划的倾向，并且有必要研究影响这种趋势的特定自然地理因素。第三，对政府政策有信心的居民更可能对未来的政府计划有信心。此研究结果证实了计划行为理论的主要观点之一，行为意向直接决定行为。尽管可以预料，但该结果将政府对当地居民的信心纳入了国家公园管理和生态保护的考虑范围(Tsetse & De Groot,

2009)。在过去的20年中，生计活动和保护目标之间产生的冲突，兼容性或互补性一直是许多讨论的焦点。顾名思义，关于综合保护和发展项目效力的争论已经很多，它们试图将保护和生计目标联系起来(Western & Wright，1994；Brandon & Wells，1992)。在社区层面分析影响居民对自然保护和生计贸易偏好的因素(Salafsky & Wollenberg，2000)，可能有助于解决中国和国际其他环境中的类似问题。管理层可以将居民的观点作为起点，通过对当地社区及其与保护区的关系有意义的可行且有针对性的干预措施来改善公园与人之间的关系。本研究的结果可以为邻国，其他发展中国家和世界保护组织的人们提供有益的结果和启示。

第 8 章 主要结论与展望

8.1 主要结论

本研究基于多次实地调查和问卷调查，研究了三江源国家公园当地居民对社会生态转型的适应与对策。本研究开发的分析框架用于分析家庭对生态冲击和政府政策的反应(家庭层面的关键概念——生计、政策、结果和态度)，在分析中引入了 SES 框架和 TPB 理论作为家庭或地方层面的适应策略，揭示了三江源国家公园居民与社会生态转型政策适应性反馈机制，建立了社会生态转型政策适应性感知评估指标体系；其次，使用焦点小组方法来评估国家公园内外共同管理方法的公平性；另外，将社会信任因素(对生态旅游在当地发展的支持程度)考虑在内，采用 CVM 评估了三江源国家公园的生态资产以及影响居民支付意愿的因素；最后，将心理因素(居民对自然保护的意愿和看法)考虑在内，分析影响居民对于自然保护和生计权衡方案的倾向性因素及建议，以促进民族地区经济、社会与环境可持续发展。

本研究的主要结论如下。

(1)首先，受灾居民似乎对政府重新安置玉树地震幸存者的努力表示赞赏。第二，当地居民的经济状况取决于他们利用自然产品(尤其是冬虫夏草收获和放牧)产生的收入来增加政府支出的能力。第三，妇女和老年居民往往对政府持怀疑态度，经济和健康状况较低。如“生态文明”范式所设想的那样，成功的社会生态转型需要平衡政府监管、补偿以及受影响人口继续获得环境资源的机会。

(2)来自政府收入的因素使居民更倾向于相信地方政府，丰富的财富使他们更加开放；居民对政策和措施的比较支持与他们的利益密切相关；对政府政策有信心的居民更可能对未来的政府计划有信心。决策者应该在优化社会生态转型政策时平衡居民对生计、自然保护以及对地方政府的信心，并在补偿和预期收益之间取得平衡，研究结果证实了计划行为理论中行为意向直接决定行为的观点。

(3)发现收入和教育水平对居民的 WTP 和 WTA 具有重要影响；其他社会特征，例如性别和年龄，对其没有显著影响；社会信任(对生态旅游在当地发展的支持程度)是居民支付意愿的重要因素。为了保持三江源国家公园可持续发展的长期利益，政府应采取基于当地资源开发的措施并且依据具体地点的特性而制定补偿计划。

(4)居住在公园外但与公园相邻的居民被认为是受到了不公平的待遇，他们承担了许多费用，但所获得的与国家公园相关的收益却很少。另一个突出的问题是生态管护员无法有效执行其监视、保护和社区联络职责。生态旅游、垃圾处理和医疗保健等公共服务以及对人兽冲突赔偿也是重要的问题。应充分利用当地居民的传统生态知识，这对于三江源国家公园试点区内共同管理模式的持续成功和发展至关重要。

8.2 研究创新

本研究基于第一手的实地调查和问卷调查所获取的数据，围绕三江源国家公园社会生态转型适应性反馈机制研究这条主线，具备以下几点创新。

(1)本研究揭示了三江源国家公园居民与社会生态转型政策适应性反馈机制，建立了社会生态转型政策适应性感知评估指标体系。开发的分析框架用于分析家庭对生态冲击和政府政策的反应(家庭层面的关键概念——生计、政策、结果和态度)，在分析框架中引入了 SES 框架和 TPB 理论作为家庭或地方层面的适应策略，TPB 用于研究单个家庭的异质行为。这项研究不仅考虑了受访者对家庭福祉的评估，还考虑了生态系统健康，提出了研究环境政策分析的新思路。

(2)当前针对社区生态保护行为的研究通常集中在人口特征和社会经济方面，很少考虑潜在心理结构的特征，如社区居民的意愿和感知。本研究使用统计模型分析了影响国家公园内生计策略和保护区优化方案的倾向性因素，发现来自政府收入的因素使居民更倾向于相信地方政府，丰富的财富使他们更加开放；居民对政策和措施的比较支持与他们的利益密切相关；对政府政策有信心的居民更可能对未来的政府计划有信心，研究结果证实了计划行为理论中行为意向直接决定行为的观点。

(3)影响支付意愿的因素包括社会经济特征、居民满意度、社会信任和对旅游保护区的了解。但是关于社会信任因素与支付意愿之间关系的研究很少，主要集中在对地方管理的认可等其他社会因素上。本研究将社会信任因素考虑在内，发现收入和教育水平对居民的 WTP 和 WTA 具有重要影响；其他社会特征，例如性别和年龄，对其没有显著影响；社会信任是居民支付意愿的重要因素。

8.3 研究展望

本研究以三江源国家公园试点内居民为对象，以调查数据为基础，研究了园区内社区家庭对于一系列社会生态转型举措后的异质性，分析了影响居民对保护区和生计优化策略偏好的因素。经过分析，本研究得出了一些结论，但不够全面、深入，在调查资料、研究数据等方面存在不足，需要在进一步的研究中不断完善。

8.3.1 调查样本、问卷内容设计等方面有待于进一步完善

本研究选择的调查区域仅限于三江源国家公园试点内澜沧江源园区和黄河源园区内外的几个乡镇和村子，但是由于时间短和科研经费有限，选择的调查样本点临近县城，分布不均；在被调查对象的选择上，覆盖面窄，受教育程度集中在初中及初中以下，受教育程度偏低对研究的结果产生了一定的影响。此外，由于海拔、地理位置、生态系统类型和人口历史的混杂，而且还由于在这两个县不同的开发方法、自然资源的分布、人口构成以及贫富之间的差异，所以无法确定导致县之间异质性响应的主要因素，问卷设计的内容应该更详细、全面。

8.3.2 使用 SES 框架来考虑短期冲击的复原力和对长期变化的适应性有待于论证

很少有研究使用 SES 框架来考虑短期冲击的复原力和对长期变化的适应性。在这里，本研究使用来自家庭访谈的数据来说明中国第一批国家公园之一的社会生态适应性和转化模型。使用混合方法来识别和表征中央政府采取“生态文明”政策的社会生态转型，包括新建立的三江源国家公园。使用分析框架分析家庭对生态冲击和政府政策的反应，分析了家庭对这些变化的异质性。这项研究不仅考虑了受访者对家庭满意度的评估，还研究了单个家庭的异质行为。基于研究者能力有限，对于这种拓展缺乏丰富的证实，因此本研究提出的社会生态转型适应性反馈机制和生态文明模型分析框架及评价指标体系还有待于深入研究和论证。

8.3.3 实证分析部分有待于进一步深入

(1)深入研究国家公园不同主体环境政策态度与其参与行为关系。由于在国家公园环境管理中，相关主体对于环境政策的感知、态度和行为之间存在一定相互关系，且感知与态度最终将以行为的方式在相关主体之间进行相互作用。对于管理者而言，准确把握不同相关主体对于环境政策的感知与态度，有助于对相关行为进行预测；或根据不同主体的行为对于其态度进行反溯，进而理解不同主体的真实态度与观点，以便及时调整管理行为和相关政策，实现保护区自然、经济和社会可持续发展。如何在国内外已有研究成果的基础上，从多参与主体的角度，全面地剖析与评估环境政策的可持续性，不仅具有重要的理论意义，而且对于缓解国家公园保护与社区发展之间的矛盾，乃至于最终实现可持续发展也具有一定的现实意义。

(2)环境政策相关研究主体和研究领域的扩展研究。虽然本研究评估尺度的构建是在参考相关文献与已有研究的基础上进行的，并通过了信度与效度检验的，但由于案例研究仅仅是在三江源国家公园试点区进行，尚未在其他类型的自然保护地进行实证研究；同时，由于在研究中并未考虑可能存在的其他潜变量和调节变量；所以，这一评估尺度的适用范围还有待后续研究进一步验证。同时，笔者虽然旨在从居民视角进行国家公园环境政策适应性研究，但是在实证研究中仅选取了澜沧江园区内外的政府工作人员、原住民、老人、妇女等边缘化群体进行采样和数据分析，并未对其他相关主体或利益相关者进行进一步讨论，所以在后续研究中若能将研究主体进一步扩大，将使研究更具有解释力和说服力。由于处于不同发展阶段、不同类型的国家公园，其相关主体特点不尽相同，主体间相互关系因相关利益、管理方式不同而改变。所以，扩大研究主体，并针对不同类型和不同发展阶段的国家公园进行环境政策研究，有助于更全面准确地把握不同利益相关主体与国家公园环境政策之间的互动，继而对相关环境管理者和政策制定者提供必要的决策依据和管理参考。

未来，作者将继续扩大对居民与保护区环境政策之间适应性反馈机制评价的研究。由于类型多样，中国的保护区可能需要实施不同的政策工具，以加强边缘化群体福祉的稳定性和可持续性。这些工具是否促进公平和效率的问题将在以后的工作中更进一步地讨论。

参考文献

查爱苹，2013. 国家级风景名胜区经济价值研究——以杭州西湖为例．上海：复旦大学．

冯金朝，薛达元，龙春林，2015. 民族生态学的形成与发展. 中央民族大学学报(自然科学版)，1：5-10.

傅伯杰，于丹丹，吕楠，2017. 中国生物多样性与生态系统服务评估指标体系．生态学报，37(2)：341-348

郭进辉，孙玉军，2009. 自然保护区生态旅游社区参与效果评价体系研究——以武夷山自然保护区为例．安徽农业科学，13：6260-6260.

李洪波，李燕燕，2009. 武夷山自然保护区生态旅游系统能值分析．生态学报，2911：5869-5876.

李丽，王心源，骆磊，等，2018. 生态系统服务价值评估方法综述．生态学杂志，4：1233-1245.

廉同辉，王金叶，程道品，2010. 自然保护区生态旅游开发潜力评价指标体系及评价模型——以广西猫儿山国家级自然保护区为例．地理科学进展，12：159-165.

刘韫，2009. 生态旅游的可持续性评价模型研究——以九寨沟景区为例．长江流域资源与环境，12：1103-1108.

马静，2014. 我国自然保护区社区管理成效评价及分析．北京：北京林业大学．

梅燕，谢萍，2010. 自然保护区生态旅游开发模式研究．安徽农业科学，20(4)：10925-10927.

任啸，2005. 自然保护区的社区参与管理模式探索——以九寨沟自然保护区为例．旅游科学，3：16-19.

沈兴兴，许开鹏，曾贤刚，等，2015. 我国国家级自然保护区治理模式转型研究——以东洞庭湖国家级自然保护区为例．环境保护，23：43-48.

石德金，余建辉，刘德荣，等，2001. 自然保护区可持续发展战略探讨．林业经济问题，3：150.

宋昌素，欧阳志云，2020. 面向生态效益评估的生态系统生产总值GEP核算研究——以青海省为例．生态学报，40(10)：3207-3217.

王秋凤，于贵瑞，何洪林，等，2015. 中国自然保护区体系和综合管理体系建设的思考．资源科学，7：1357-1366.

肖洪未，李和平，2016. 从“环评”到“遗评”：我国开展遗产影响评价的思考——以历史文化街区为例．城市发展研究，23：105-110.

严娟娟，黄秀娟，2016. 基于TCM方法的旅行成本测算与游憩价值评估研究——以福州国家森林公园为例．北京林业大学学报(社会科学版)，004：62-67.

叶远智，张朝忙，邓铁，等，2019. 我国自然资源，自然资源资产监测发展现状及问题分析．测绘通报，10：23-27.

于志鹏，余静，2017. 海洋保护区珍稀濒危物种价值评估研究——以厦门海洋珍稀物种国家级自然保护区为例．海洋环境科学，1：81-86.

余久华，2006. 自然保护区有效管理的理论与实践．西安：西北农林科技大学出版社．

张金良，李焕芳，2000. 社区共管——一种全新的保护区管理模式．生物多样性，3：347-350.

赵颖瑾，付正辉，陆文涛，等，2018. 河流陆域环境交互区域风险评估方法研究．环境科学学报，1：372-379.

赵剑波，杨雪丰，杨雪梅，等，2017. 基于旅行费用法的拉萨市主要旅游点游憩价值评估．干旱区资源与环境，8：203-208.

赵玉，张玉，熊国保，等，2018. 区域异质性视角下赣江生态系统服务支付意愿及其价值评估．生态学报，5：1698-1710.

AHLHEIM M, FRÖR O, LUO J, et al., 2015. Towards a comprehensive valuation of water management projects when data availability is incomplete—the use of benefit transfer techniques. Water, 5: 2472-2493.

AJZEN I, 2011. The theory of planned behaviour: reactions and reflections. *Psychology & Health*, 9: 1113-1127.

ALLENDORF T D, AUNG M, SONGER M, 2012. Using residents' perceptions to improve park-people relationships in Chatthin Wildlife Sanctuary, Myanmar. Journal of Environmental Management, 99: 36-43.

ANDERIES J, JANSSEN M, & OSTROM E, 2004. A framework to analyze the robustness of social-ecological systems from an institutional perspective. Ecology and Society, 9(1): 18.

ANDERSON K. , & OSTROM E, 2008. Analyzing decentralized natural resource governanc e from a polycentric perspective. Policy Sciences, 1: 71-93.

ANWAER M, ZHANG X & CAO H, 2013. Urbanization in Western China. Chinese Journal of Population Resources and Environment, 11(1): 79-86.

AZIMY M W, KHAN G D, YOSHIDA Y, et al. , 2020. Measuring the impacts of saffron production promotion measures on farmers' policy acceptance probability: a randomized conjoint field experiment in Herat Province, Afghanistan. Sustainability, 10: 4026-4032.

BAIRD T D, & LESLIE P W, 2013. Conservation as disturbance: upheaval and livelihood diversification near Tarangire National Park, northern Tanzania. Global Environmental Change, 5: 1131-1141.

BAKER D M, MURRAY G, AGYARE A K, 2018. Governance and the making and breaking of social-ecological traps. Ecology and Society, 23(1): 38.

BARAL N, & HEINEN J T, 2007. Resources use, conservation attitudes, management intervention and park-people relations in the Western Terai landscape of Nepal. Environmental Conservation, 6: 64-72.

BASURTO X, GELCICH S, & OSTROM, E, 2013. The social-ecological system framework as a knowledge classificatory system for benthic small-scale fisheries. Global Environmental Change, 6: 1366-1380.

BEEDELL J, & REHMAN T, 2000. Using social-psychology models to understand farmers' conservation behaviour. Journal of RuralSstudies, 1: 117-127.

BENNETT J W, 1984. Using direct questioning to value the existence benefits of preserved natural areas. Australian Journal of Agricultural Economics, 28 (2-3): 136-152.

BENNETT N, LEMELIN R H, KOSTER R, et al. , 2012. A capital assets framework for appraising and building capacity for tourism development in aboriginal protected area gateway communities. Tourism Management, 4: 752-766.

BLAND L M, KEITH D A, MILLER R M, et al. , 2017. Guidelines for the application of IUCN Red List of Ecosystems Categories and Criteria, version 1. 1. Gland, Switzerland: International Union for the Conservation of Nature.

BO J, YANG B, WONG C P, et al. , 2019. China's ecological civilization program-Implementing ecological redline policy. Land Use Policy, 81: 111-114.

BO N, NING M, HOUQIANG Z, et al. , 2014. Empirical analysis on the influencing factors of farmer Households' willingness of maintaining the results of the conversion of cropland to forestland program in Western China. Forestry Economics, 5: 72–76.

BOONSTRA W J, BJÖRKVIK E, HAIDER L J, et al., 2016. Human responses to social-ecological traps. Sustainability Science, 6: 877–889.

BOONSTRA W J, DE BOER F W, 2014. The historical dynamics of social-ecological traps. Ambio, 3: 260–274.

BORGES J A R, LANSINK A G J M O, RIBEIRO C M, et al., 2014. Understanding farmers' intention to adopt improved natural grassland using the theory of planned behavior. Livestock Science, 169: 163–174.

BRAND U, WISSEN M, 2016. International encyclopedia of geography: People, the Earth, Environment and Technology: People, the Earth, Environment and Technology. Social-Ecological Transformation, 6: 1–9.

BRANDON K E, & WELLS M, 1992. Planning for people and parks: design dilemmas. World Development, 4: 557–570.

BROCK W A, CARPENTER S R, 2007. Panaceas and diversification of environmental policy. Proceedings of the National Academy of Sciences, 39: 15206–15211.

BROCKINGTON D, & SCHMIDT-SOLTAU K, 2004. The social and environmental impacts of wilderness and development. Oryx, 2: 140–142.

BRUCKMEIER K, 2016. Social-ecological transformation. London: Palgrave macmillan.

BRYAN B A, GAO L, YE Y, et al., 2018. China's response to a national land-system sustainability emergency. Nature, 7713: 193–204.

BULLARD R D, ADAM H M, BELL E, 2001. Faces of environmental racism: Confronting issues of global justice. United states: Rowman & Littlefield.

CACHO O J, MILNE S, GONZALEZ R, et al. 2014. Benefits and costs of deforestation by smallholders: implications for forest conservation and climate policy. Ecological Economics, 107: 321–332.

CAO M, PENG L, LIU S, 2015. Analysis of the network of protected areas in China based on a geographic perspective: current status, issues and integration. Sustainability, 11: 15617–15631.

CAO S, XU C, CHEN L, et al., 2009. Attitudes of farmers in China's northern Shaanxi Province towards the land-use changes required under the Grain for Green Project, and implications for the project's success. Land Use Policy, 4:

1182−1194.

CAO, S, SHANG D, YUE H, et al. , 2017. A win-win strategy for ecological restoration and biodiversity conservation in Southern China. Environmental Research Letters, 12(4): 044004.

CAO, S, ZHANG J, CHEN L, et al. , 2016. Ecosystem water imbalances created during ecological restoration by afforestation in China, and lessons for other developing countries. Journal of Environmental Management, 183: 843−849.

CARDILLO E, & LONGO M C, 2020. Managerial reporting tools for social sustainability: insights from a local government experience. Sustainability, 9: 3675−3679.

CERNEA, M. M. , & SCHMIDT-SOLTAU K, 2006. Poverty risks and national parks: policy issues in conservation and resettlement. World Development, 10: 1808−1830.

CHARTERS T, & SAXON E, 2021. Tourism and Mountains: a practical guide to managing the environmental and social impacts of mountain tours. Sweeting, United Nations Environment Program, Conservation International, Tour Operators' Initiative. United Nations. Retrieved from http://wedocs. unep. org/handle/20. 500, 11822, 7687.

CHEN Y, JESSEL B, FU B, et al. , 2014. Policy Recommendations. Ecosystem Services and Management Strategy in China. Berlin, Heidelberg: Springer, 3: 155−163.

CHENG G, & JIN H, 2013. Permafrost and groundwater on the Qinghai-Tibet Plateau and in northeast China. Hydrogeology Journal, 1: 5−23.

CINNER J E, 2011. Social-ecological traps in reef fisheries. Global Environmental Change, 21: 835−839.

CIRIACY-WANTRUP S V, 1947. Capital returns from soil-conservation practices. Journal of Farm Economics, 4: 1181−1196.

COSTANZA R D'ARGE R, DE GROOT R, et al. , 1997. The value of the world's ecosystem services and natural capital. Nature, 387(6630): 253−260.

COSTANZA R, DE GROOT R, SUTTON P, et al. , 2014. Changes in the global value of ecosystem services. Global Environmental Change, 26: 152−158.

COSTANZA R, D'ARGE R, DE GROOT R, et al. , 1997. The value of the world's ecosystem services and natural capital. Nature, 387: 253−260.

DAI Y, 2018. Development of a national park framework in China. Canda:

University of New Brunswick.

DAI Y, HACKER C E, ZHANG Y, et al., 2019. Identifying climate refugia and its potential impact on Tibetan brown bear (*Ursus arctos pruinosus*) in Sanjiangyuan National Park, China. Ecology and Evolution, 23: 13278-13293.

DE GROOT R S, WILSON M A, BOUMANS R M J., 2002. A typology for the classification, description and valuation of ecosystem functions, goods and services. Ecological Economics, 3: 393-408.

DEHGHANI M, FARSHCHI P, DANEKAR A, et al., 2010. Recreation value of Hara Biosphere Reserve using willingness-to-pay method. International Journal of Environmental Research, 2: 271-280.

DELANG C O, YUAN Z, 2015. China's grain for green program: a review of the largest ecological restoration and rural development program in the world. Switzerland: Springer International Publishing.

DENG J, SUN P, ZHAO F, et al., 2016. Analysis of the ecological conservation behavior of farmers in payment for ecosystem service programs in eco-environmentally fragile areas using social psychology models. Science of the Total Environment, 550: 382-390.

DICKINSON D, & WEBBER M, 2007. Environmental resettlement and development, on the steppes of Inner Mongolia, PRC. The Journal of Development Studies, 3: 537-561.

DU F, 2012. Ecological resettlement of Tibetan herders in the Sanjiangyuan: a case study in Madoi County of Qinghai. Nomadic Peoples, 16(1): 116-133.

DUDLEY N, JONAS H, NELSON F, et al., 2018. The essential role of other effective area-based conservation measures in achieving big bold conservation targets. Global Ecology and Conservation, 15: e00424.

DUDLEY N, STOLTON S, BELOKUROV A, et al., 2009. Natural solutions: protected areas helping people cope with climate change. Gland, Switzerland, Washington DC and New York: IUCN-WCPA, TNC, UNDP, WCS, The World Bank and WWF.

DUNFORD M, & LI L, 2011. Earthquake reconstruction in Wenchuan: assessing the state overall plan and addressing the 'forgotten phase'. Applied Geography, 3: 998-1009.

EAGLES P F J, MCCOOL S F, HAYNES C D, 2002. Sustainable tourism in protected areas: guidelines for planning and management. Best Practice Protected

Area Guidelines Series No. 8. Gland, Switzerland: IUCN.

EDWARDS-JONES G, 2006. Modelling farmer decision-making: concepts, progress and challenges. Animal Science, 6: 783–790.

EGOH B, ROUGET M, REYERS B, et al., 2007. Integrating ecosystem services into conservation assessments: a review. Ecological Economics, 4: 714–721.

FANG Y, 2013. Managing the three-rivers headwater region, China: from ecological engineering to social engineering. Ambio, 5: 566–576.

FARVAR M T, BORRINI-FEYERABEND G, CAMPESE J, et al., 2018. Whose ‘Inclusive Conservation’? Policy Brief of the ICCA Consortium No. 5. Tehran: The ICCA Consortium and Cenesta.

FENG D, LIANG L, WU W, et al., 2018. Factors influencing willingness to accept in the paddy land-to-dry land program based on contingent value method. Journal of Cleaner Production, 183: 392–402.

FENG-SHOU L I, 2018. Evaluation of the Urban Wetlands Ecosystem Service in Guangzhou. Territory & Natural Resources Study, 34: 78–82.

FOGGIN J M, 2021. We still need the wisdom of Ubuntu for successful nature conservation. Ambio, 50(7): 723–725.

FOGGIN J M, 2005. Highland encounters: building new partnerships for conservation and sustainable development in the Yangtze River headwaters, heart of the Tibetan Plateau. Innovative communities: community-centred environmental management in Asia and the Pacific. Tokyo, Japan: United Nations University Press, 131–157.

FOGGIN J M, 2008. Depopulating the Tibetan grasslands. Mountain Research and Development, 1: 26–31.

FOGGIN J M, 2018. Environmental conservation in the Tibetan Plateau region: lessons for China's Belt and Road Initiative in the mountains of Central Asia. Land, 2: 52–59.

FOGGIN J M, YUAN C, 2020. Promoting conservation and community development through ecotourism: Experiences from valued conservation landscapes on the Tibetan plateau. Plateau Perspectives Working Paper. Bishkek, Kyrgyzstan: Plateau Perspectives.

FOGGIN M, 2012. Pastoralists and wildlife conservation in western China: collaborative management within protected areas on the Tibetan Plateau. Pastoralism: Research, Policy and Practice, 1: 1–19.

FORTIN M J, GAGNON C, 1999. An assessment of social impacts of national parks on communities in Quebec, Canada. Environmental Conservation, 66: 200–211.

GALLOPÍN G C, 2006. Linkages between vulnerability, resilience, and adaptive capacity. Global Environmental Change, 3: 293–303.

GBADEGESIN A, AYILEKA O, 2000. Avoiding the mistakes of the past: towards a community oriented management strategy for the proposed National Park in Abuja-Nigeria. Land Use Policy, 2: 89–100.

GENG Y, & DOBERSTEIN B, 2008. Developing the circular economy in China: Challenges and opportunities for achieving' leapfrog development' . The International Journal of Sustainable Development & World Ecology, 3: 231–239.

GRIMA N, SINGH S J, & SMETSCHKA B, 2018. Improving payments for ecosystem services (PES) outcomes through the use of Multi-Criteria Evaluation (MCE) and the software OPTamos. Ecosystem Services, 29: 47–55.

GROSS J E, WOODLEY S, WELLING L A, et al. , 2016. Adapting to Climate Change: guidance for protected area managers and planners. Best Practice Protected Area Guidelines Series No. 24. Gland, Switzerland: IUCN: xviii+129.

GRÊT-REGAMEY A, BRUNNER S H, & KIENAST F, 2012. Mountain ecosystem services: who cares? Mountain Research and Development, 32(51).

GUO Z, CUI G, 2015. Establishment of nature reserves in administrative regions of mainland China. PloS One, 13: e0119650.

HADKER N, SHARMA S, DAVID A, et al. , 1997. Willingness-to-pay for Borivli National Park: evidence from a contingent valuation. Ecological Economics, 2: 105–122.

HARRINGTON R, ANTON C, DAWSON T P, et al. , 2010. Ecosystem services and biodiversity conservation: concepts and a glossary. Biodiversity and Conservation, 10: 2773–2790.

HE S, SU Y, WANG L, et al. , 2018. Taking an ecosystem services approach for a new national park system in China. Resources, Conservation and Recycling, 6: 136–144.

HOPPING K A, CHIGNELL S M, LAMBIN E F, 2018. The demise of caterpillar fungus in the Himalayan region due to climate change and overharvesting. Proceedings of the National Academy of Sciences, 45: 11489–11494.

HSU J S J, LEONARD T, TSUI K W, 1991. Statistical inference for multiple choice tests. Psychometrika, 2: 327-348.

ISHIGURO K, 2019. Evaluation of Forest Preservation in Cambodian Rural Villages. Journal of Sustainable Development, 12(1): 27-38.

JONAS H D, LEE E, JONAS H C, et al., 2017. Will "other effective area-based conservation measures" increase recognition and support for ICCAs? Parks, 2: 63-78.

KACZAN D J, & SWALLOW B M, 2019. Forest conservation policy and motivational crowding: experimental evidence from Tanzania. Ecological Economics, 156: 444-453.

KACZAN D, & SWALLOW B M, 2013. Designing a payments for ecosystem services (PES) program to reduce deforestation in Tanzania: an assessment of payment approaches. Ecological Economics, 95: 20-30.

KANG H, HAHN M, FORTIN D R, et al., 2006. Effects of perceived behavioral control on the consumer usage intention of e-coupons. Psychology & Marketing, 10: 841-864.

KANG S, XU Y, YOU Q, et al., 2010. Review of climate and cryospheric change in the Tibetan Plateau. Environmental Research Letters, 1: 015101-015106.

KARKI B, RAUT R, SANKHI K P, et al., 2018. Fertility improvement by Ovsynch Protocol in Repeat Breeder Cattle of Kathmandu Valley. International Journal of Applied Sciences and Biotechnology, 3: 261-264.

KARKI S T, 2013. Do protected areas and conservation incentives contribute to sustainable livelihoods? A case study of Bardia National Park, Nepal. Journal of Environmental Management, 128: 988-999.

KELLERT S R, MEHTA J N, Ebbin S A, et al. Community natural resource management: promise, rhetoric, and reality. Society & Natural Resources, 2000, 8: 705-715.

KHAJEHPOUR M, GHAZVINI S D, MEMARI E, et al., 2011. Retracted: social cognitive theory of genderdevelopment and differentiation. Procedia Soc. Behav. Sci., 15: 1188-1198.

KHOO H L, ONG G P, 2015. Understanding sustainable transport acceptance behavior: a case study of Klang valley, Malaysia. International Journal of Sustainable Transportation, 3: 227-239.

KLEIN J A, YEH E, BUMP J, et al., 2011. Coordinating environmental protection and climate change adaptation policy in resource-dependent communities: a case study from the Tibetan Plateau. Climate Change Adaptation in Developed Nations. Dordrecht: Springer: 423–438.

KNOWLER D, & BRADSHAW B, 2007. Farmers' adoption of conservation agriculture: a review and synthesis of recent research. Food Policy, 1: 25–48.

KOTHARI A, NEUMANN A, 2014. ICCAs and aichi targets: the contribution of indigenous peoples' and local community conserved territories and areas to the strategic plan for biodiversity 2011–20. Policy Brief of the ICCA Consortium, 1.

KREUTZMANN H, 2015. Pamirian Crossroads: Kirghiz and Wakhi of High Asia. Mountain Research and Development, 37(3): 381–383.

KRIKSER T, PROFETA A, GRIMM S, et al., 2020. Willingness-to-Pay for District Heating from Renewables of Private Households in Germany. Sustainability, 10: 4129–4133.

KRUG W, 1997. Socioeconomic strategies for the protection of biodiversity in africa shown for the example of wildlife management. Animal Research & Development, 46: 95–102.

LANGTON M, MAZEL O, 2008. Poverty in the midst of plenty: aboriginal people, the 'resource curse' and Australia's mining boom. Journal of Energy & Natural Resources Law, 1: 31–65.

LE C, ZHA Y, LI Y, et al., 2010. Eutrophication of lake waters in China: cost, causes, and control. Environmental Management, 45(4): 662–668.

LEUNG Y F, SPENCELEY A, HVENEGAARD G, et al., 2018. Tourism and visitor management in protected areas: Guidelines for sustainability. Gland: IUCN.

LEVIN S A, 1998. Ecosystems and the biosphere as complex adaptive systems. Ecosystems, 5: 431–436.

LI H, & CAI Y, 2016. Agricultural land ecological compensation standard estimate based on farmers' willingness to accept——a case study of Hubei Province. Research of Soil and Water Conservation, 4: 44–48.

LI J, WANG W, AXMACHER J C, et al., 2016. Streamlining China's protected areas. Science, 6278: 1160–1166.

LI W, & HAN N, 2001. Ecotourism management in China's nature reserves. Ambio: A Journal of the Human Environment, 1: 62–63.

LI X L, GAO J, BRIERLEY G, et al., 2013. Rangeland degradation on the

Qinghai-Tibet plateau: Implications for rehabilitation. Land Degradation & Development, 1: 72–80.

LI Y, LU C, DENG O, et al. , 2015. Ecological characteristics of China's key ecological function areas. Journal of Resources and Ecology, 6: 427–433.

LIANG Y, CAO R, 2015. Employment assistance policies of Chinese government play positive roles! The impact of post-earthquake employment assistance policies on the health-related quality of life of Chinese earthquake populations. Social Indicators Research, 3: 835–857.

LIN L Y, XU L Z, & HU J, 2014. Determination of industry ecological compensation standard using contingent valuation method: a case study of stone industry in Ningde City, Fujian Province. Acta Scientiae Circumstantiae, 1: 259–264.

LIU C, & CÔTÉ R, 2017. A framework for integrating ecosystem services into China's circular economy: the case of eco-industrial parks. Sustainability, 9: 1510–1515.

LIU H L, WILLEMS P, BAO A M, et al. , 2016. Effect of climate change on the vulnerability of a socio-ecological system in an arid area. Global and Planetary Change, 137: 1–9.

LIU J, DIETZ T, CARPENTER S R, et al. , 2007. Complexity of coupled human and natural systems. Science, 5844: 1513–1516.

LIU J, LI S, OUYANG Z, et al. , 2008. Ecological and socioeconomic effects of China's policies for ecosystem services. Proceedings of the National Academy of Sciences, 28: 9477–9482.

LIU Y, GUPTA H, SPRINGER E, et al. , 2008. Linking science with environmental decision making: experiences from an integrated modeling approach to supporting sustainable water resources management. Environmental Modelling & Software, 7: 846–858.

LIU Y, WECKWORTH B, LI J, et al. , 2016. China: the Tibetan Plateau, Sanjiangyuan Region. Snow Leopards, 6: 513–521.

LONG R J, DING L M, SHANG Z H, et al. , 2008. The yak grazing system on the Qinghai-Tibetan plateau and its status. The Rangeland Journal, 2: 241–246.

MA T, SWALLOW B, FOGGIN J M, et al. , 2023. Co-management for sustainable development and conservation in Sanjiangyuan National Park and the surrounding Tibetan nomadic pastoralist areas. Humanities and Social Sciences Communications, 10(1): 1-13.

MA T, XU K, XING Y, et al., 2020. Tendencies of residents in Sanjiangyuan National Park to the optimization of livelihoods and conservation of the natural reserves. Sustainability, 12: 5173.

MACKINNON K, SMITH R, DUDLEY N, et al., 2020. Strengthening the global system of protected areas post-2020: a perspective from the IUCN World Commission on Protected Areas. In Parks Stewardship Forum, vol. 36, no. 2. 2020.

MARTÍNEZ-GARCíA, C G, DORWARD P, & REHMAN T, 2013. Factors influencing adoption of improved grassland management by small-scale dairy farmers in central Mexico and the implications for future research on smallholder adoption in developing countries. Livestock Science, 2-3: 228-238.

MASANJALA W, PHIRI I, 2007. Willingness to pay for micro health insurance in Malawi. RÖSNER H-J, LEPPERT G, DEGENS P, et al. In: Hand book of Micro Health Insurance in African. 1st edition. Berlin: Lit Verlag: 285-308.

MASTRORILLI M, RANA G, VERDIANI G, et al., 2018. Economic evaluation of hydrological ecosystem services in Mediterranean River Basins applied to a case study in Southern Italy. Water, 3: 241-246.

MASTRÁNGELO M E, PÉREZ-HARGUINDEGUY N, ENRICO L, et al., 2019. Key knowledge gaps to achieve global sustainability goals. Nature Sustainability, 12: 1115-1121.

MCGINNIS M D & OSTROM E 2014. Social-ecological system framework: initial changes and continuing challenges. Ecology and Society, 19(2): 30.

MCLEAN J, & STRAEDE S, 2003. Conservation, relocation, and the paradigms of park and people management—a case study of Padampur villages and the Royal Chitwan National Park, Nepal. Society & Natural Resources, 6: 509-526.

MEIJER S S, CATACUTAN D, AJAYI O C, et al., 2015. The role of knowledge, attitudes and perceptions in the uptake of agricultural and agroforestry innovations among smallholder farmers in sub-Saharan Africa. International Journal of Agricultural Sustainability, 1: 40-54.

MEIJER S S, CATACUTAN D, Sileshi G W, et al., 2015. Tree planting by smallholder farmers in Malawi: using the theory of planned behaviour to examine the relationship between attitudes and behaviour. Journal of Environmental Psychology,

43: 1-12.

MILLER D J, 1990. Grasslands of the Tibetan Plateau. Rangelands Archives, 3: 159-163.

MORGAN D L, 1997. Focus Groups as Qualitative Research. Qualitative Research Methods. Second EditionThousand Oaks, CA: SAGE Publications, Inc. Available at: <https://doi.org/10.4135/9781412984287> [Accessed 8 Apr 2024].

NAIDOO R, & ADAMOWICZ W L, 2005. Biodiversity and nature-based tourism at forest reserves in Uganda. Environment and Development Economics, 10 (2): 159-178.

NAVRUD S, & MUNGATANA E D, 1994. Environmental valuation in developing countries: the recreational value of wildlife viewing. Ecological Economics, 2: 135-151.

NORMAN P, & SMITH L, 1995. The theory of planned behaviour and exercise: an investigation into the role of prior behaviour, behavioural intentions and attitude variability. European Journal of Social Psychology, 4: 403-415.

OLSSON P, FOLKE C, & HAHN T, 2004. Social-ecological transformation for ecosystem management: the development of adaptive co-management of a wetland landscape in southern Sweden. Ecology and Society, 9(4).

OPPENHEIM A N, 2000. Questionnaire design, interviewing and attitude measurement. Unlted Kingdom: Bloomsbury Publishing.

OSTROM E, & GARDNER R, 1993. Coping with asymmetries in the commons: self-governing irrigation systems can work. Journal of economic perspectives, 4: 93-112.

OSTROM E, 2009. A general framework for analyzing sustainability of social-ecological systems. Science, 5939: 419-422.

OUYANG, Z Y, ZHENG H, XIAO Y, et al. , 2016. Improvements in ecosystem services from investments in natural capital. Science, 352(6292): 1455-1459.

PALOMO I, MARTíN-LÓPEZ B, POTSCHIN M, et al. , 2013. National Parks, buffer zones and surrounding lands: Mapping ecosystem service flows. Ecosystem Services, 4: 104-116.

PAXTON M, SCOTT T, & WATANABE Y, 2016. Silent Roar: UNDP. & GEF in the Snow Leopard Landscape. : Washington, DC, USA: United Nations Development Program: 48.

PENG F, 2018. The practice and exploration on the establishment of national park system in China. International Journal of Geoheritage and Parks, 1: 1−16.

PENG K, 2020. Public participation in biodiversity conservation provides a strong impetus to China's ecological security. China Daily. 2020. Retrieved November 25, 2019, from https://china. china daily. com. cn/a/202010/12/WS5f83bbd9a310 1e7ce972899d. html.

PISANO U, 2012. Resilience and sustainable development: theory of resilience, systems thinking. European Sustainable Development Network(ESDN), 26: 50.

PLOTT C R, & ZEILER K, 2005. The willingness to pay-willingness to accept gap, the "endowment effect," subject misconceptions, and experimental procedures for eliciting valuations. American Economic Review, 3: 530−545.

POPPENBORG P, & KOELLNER T, 2013. Do attitudes toward ecosystem services determine agricultural land use practices? An analysis of farmers' decision-making in a South Korean watershed. Land Use Policy, 31: 422−429.

RASOOL F, & OGUNBODE C A, 2015. Socio-demographic differences in environmental concern and willingness to pay for addressing global climate change in Pakistan. Asian Journal of Social Science, 3: 273−298.

REID S R, PENG C, 1997. Dynamic uniaxial crushing of wood. International Journal of Impact Engineering, 19(5−6): 531−570.

PANI N, IYER S, 2015. Towards a framework to determine backwardness: caste, inequality and reservations in India. Journal of South Asian Development, 10 (1): 48−72.

Resilience Alliance. 2010. Assessing resilience in social-ecological systems: Workbook for practitioners. Version 2. 0.

RICHARDS L, & MORSE J M, 2007. Coding. Readme First for A User's Guide to Qualitative Methods, 76: 133−151.

ROCKSTRÖM J, STEFFEN W, NOONE K, et al., 2009. Planetary boundaries: exploring the safe operating space for humanity. Ecology and Society, 14(2).

ROWNTREE L, LEWIS M, PRICE M, et al., 2016. Globalization and diversity: geography of a changing world. Pearson.

RUSSO K A, SMITH Z A, 2013. The millennium ecosystem assessment, what water is worth: overlooked non-economic value in water resources. New York: Palgrave Pivot: 39−51.

SACCHELLI S, 2018. A Decision Support System for trade-off analysis and dynamic evaluation of forest ecosystem services. iForest-Biogeosciences and Forestry, 11: 171-180.

SALAFSKY N, & WOLLENBERG E, 2000. Linking livelihoods and conservation: a conceptual framework and scale for assessing the integration of human needs and biodiversity. World Development, 8: 1421-1438.

SCARPA R, HUTCHINSON W G, CHILTON S M, et al., 2000. Importance of forest attributes in the willingness to pay for recreation: a contingent valuation study of Irish forests. Forest Policy and Economics, 3-4: 315-329.

SCHOOF N, LUICK R, JUERGENS K, et al., 2020. Dairies in Germany: Key Factors for grassland conservation? Sustainability, 10: 4139-4142.

SHANG H, XI M, LI Y, et al., 2018. Evaluation of changes in the ecosystem services of Jiaozhou Bay coastal wetland. Acta Ecologica Sinica, 2: 421-431.

SHEEHY D P, MILLER D, & JOHNSON D A, 2006. Transformation of traditional pastoral livestock systems on the Tibetan steppe. Science et Changements planéTaires/Sécheresse, 17(1): 142-151.

SHENG W, ZHEN L, XIAO Y, et al., 2019. Ecological and socioeconomic effects of ecological restoration in China's Three Rivers Source Region. Science of the Total Environment, 650: 2307-2313.

SOBREVILA C., 2008. The role of indigenous peoples in biodiversity conservation: the natural but often forgotten partners (English). Washington, D. C.: World Bank Group. 44300: 1-102. http://documents.worldbank.org/curated/en/995271468177530126/The-role-of-indigenous-peoples-in-biodiversity-conservation-the-natural-but-often-forgotten-partners.

SOLIKIN A, 2017. Willingness to pay and willingness to work to avoid deforestation and forest degradation. ICoSI 2014. Singapore: Springer: 119-129.

SPITERI A, & NEPAL S K, 2008. Evaluating local benefits from conservation in Nepal's Annapurna Conservation Area. Environmental Management, 3: 391-401.

SQUIRES V R, & QI L, 2017. Sustainable Land Management in Greater Central Asia. In: Taylor & Francis Group. An Integrated and Regional Perspective. 1st ed. London, UK: Routledge: 310.

STEFFEN W, RICHARDSON K, ROCKSTRÖM J, et al., 2015. Planetary boundaries: Guiding human development on a changing planet. science, 347 (6223): 1259855.

STEVENS S, BROOME N P, JAEGER T, et al., 2016. Recognising and Respecting ICCAs Overlapped by Protected Areas. Report for the ICCA Consortium. Available online at www. iccaconsortium. org.

STRÆDE S, & TREUE T, 2006. Beyond buffer zone protection: a comparative study of park and buffer zone products' importance to villagers living inside Royal Chitwan National Park and to villagers living in its buffer zone. Journal of Environmental Management, 3: 251-267.

SUNG W, 1996. China Council for International Cooperation on Environment and Development(CCICED). Biodiversity Science, 4: 76.

SUNTIKUL W, BUTLER R, & AIREY D, 2010. Implications of political change on national park operations: Doi Moi and tourism to Vietnam's national parks. Journal of Ecotourism, 9: 201-218.

TERBORGH J, & PERES C A, 2002. The problem of people in parks. Making Parks Work: Strategies for Preserving Tropical Nature, 6: 307-319.

TISDELL C, 1996. Ecotourism, economics, and the environment: observations from China. Journal of Travel Research, 4: 11-19.

TRUELOVE H B, CARRICO A R, & THABREW L, 2015. A socio-psychological model for analyzing climate change adaptation: a case study of Sri Lankan paddy farmers. Global Environmental Change, 31: 85-97.

TSETSE D, & DE GROOT W T, 2009. Opportunity and Problem in Context(OPiC): A Framework for Environmental Management. Sustainability, 1: 19-34.

TURNHOUT E, NEVES K, & DE LIJSTER E, 2014. Measurementality'in biodiversity governance: knowledge, transparency, and the Intergovernmental Science-Policy Platform on Biodiversity and Ecosystem Services (IPBES). Environment and Planning A, 3: 581-597

TURPIE J K, 2003. The existence value of biodiversity in South Africa: how interest, experience, knowledge, income and perceived level of threat influence local willingness to pay. Ecological Economics, 2: 199-216.

VAN SCHAIK C, & RIJKSEN H D, 2002. Integrated conservation and development projects: problems and potential. Making Parks Work: Strategies for Preserving Tropical Nature, 45: 15-29.

VOLTAIRE L, PIRRONE C, &BAILLY D, 2013. Dealing with preference uncertainty in contingent willingness to pay for a nature protection program: A new approach. Ecological Economics, 88: 76–85.

WALKER B & MEYERS J A, 2004. Thresholds in ecological and social-ecological systems a developing database. Ecology and Society, 9(2): 3.

WALKER B, HOLLING C S, CARPENTER S R, et al., 2004. Resilience, adaptability and transformability in social-ecological systems. Ecology and Society, 9(2): 15–18.

WANG G, INNES J L, WU S W, et al., 2012. National park development in China: conservation or commercialization? Ambio, 3: 247–261.

WANG J Z, 2019. National parks in China: parks for people or for the nation? Land Use Policy, 81: 825–833.

WANG P, ZHONG L, 2018. Tourist willingness to pay for protected area ecotourism resources and influencing factors at the Hulun Lake Protected Area. Journal of Resources and Ecology, 2: 174–180.

WANG S, ZHI L, & ZHANG Y, 2010. The Research Analysis About the Choose of Farmers' Rehabilitation in the Later of Returning Land from Farming to Forestry——Cases Study of Anding District in Gansu Province. Issues of Forestry Economics, 30: 478–481.

WANG W, JIN J, HE R, et al., 2018. Farmers' willingness to pay for health risk reductions of pesticide use in China: a contingent valuation study. International Journal of Environmental Research and Public Health, 15(4): 625.

WANG W, JIN J, HE R, et al., 2018. Farmers' willingness to pay for health risk reductions of pesticide use in China: A contingent valuation study. International Journal of Environmental Research and Public Health, 4: 625.

WANG X, ADAMOWSKI J F, WANG G, et al., 2019. Farmers' willingness to accept compensation to maintain the benefits of urban forests. Forests, 8: 691–694.

WANG X, ZHANG Y, HUANG Z, et al., 2016. Assessing willingness to accept compensation for polluted farmlands: a contingent valuation method case study in northwest China. Environmental Earth Sciences, 75(3): 179.

WANG Y, & ZHANG Y, 2009. Air quality assessment by contingent valuation in Ji'nan, China. Journal of Environmental Management, 2: 1022–1029.

WANG Y, GAO J, ZOU C, et al., 2021. Ecological Conservation Redline will promote harmony between humans and nature in the future. Ambio, 3: 726–727.

Washington, D. C.: World Bank Group. 44300: 1-102. http://documents.worldbank.org/curated/en/995271468177530126/The-role-of-indigenous-peoples-in-biodiversity-conservation-the-natural-but-often-forgotten-partners.

WAUTERS E, & MATHIJS E, 2013. An investigation into the socio-psychological determinants of farmers' conservation decisions: method and implications for policy, extension and research. The Journal of Agricultural Education and Extension, 1: 53-72.

WEST P, IGOE J, BROCKINGTON D, 2006. Parks and peoples: the social impact of protected areas. Annu. Rev. Anthropol., 35: 251-277.

WESTERN M, & WRIGHT E O, 1994. The permeability of class boundaries to intergenerational mobility among men in the United States, Canada, Norway and Sweden. American Sociological Review, 65: 606-629.

WIENER G, HAN J, LONG R, 2003. The Yak. Published by the regional Office for Asia and the Pacific of the FAO of the UN. Thailand: Bangkok.

WILKIE D S, CARPENTER J F, & ZHANG Q, 2001. The under-financing of protected areas in the Congo Basin: so many parks and so little willingness-to-pay. Biodiversity & Conservation, 5: 691-709.

WINKLER D, 2008. Yartsa Gunbu (Cordyceps sinensis) and the fungal commodification of Tibet's rural economy. Economic Botany, 3: 291-305.

WOLLENBERG E, MERINO L, AGRAWAL A, et al., 2007. Fourteen years of monitoring community-managed forests: learning from IFRI's experience. International Forestry Review, 2: 670-684.

WORTHY F R, & FOGGIN J M, 2008. Conflicts between local villagers and Tibetan brown bears threaten conservation of bears in a remote region of the Tibetan Plateau. Human-Wildlife Conflicts, 2: 200-205.

WU J, 2013. Landscape sustainability science: ecosystem services and human well-being in changing landscapes. Landscape Ecology, 6: 999-1023.

WU J, WU G, ZHENG T, et al., 2020. Value capture mechanisms, transaction costs, and heritage conservation: a case study of Sanjiangyuan National Park, China. Land Use Policy, 90: 104246.

WU N, YI S, JOSHI S, et al., 2016. Yak on the move: transboundary challenges and opportunities for yak raising in a changing Hindu Kush Himalayan region. Kathmandu: ICIMOD.

WU Z, WU J, LIU J, et al., 2013. Increasing terrestrial vegetation activity of ecological restoration program in the Beijing-Tianjin Sand Source Region of China. Ecological Engineering, 52: 37–50.

XIONG K, & KONG F, 2017. The analysis of farmers' willingness to accept and its influencing factors for ecological compensation of Poyang Lake wetland. Procedia Engineering, 174: 835–842.

XIONG L X, LI X Y, NING J J, et al., 2023. The effects of dynamic incentives on the recycling of livestock and poultry manure in a multiscenario evolutionary game. Environment, Development and Sustainability, 25(5): 4301–4333.

XU J, GRUMBINE R E, SHRESTHA A, et al., 2009. The melting Himalayas: cascading effects of climate change on water, biodiversity, and livelihoods. Conservation Biology, 3: 520–530.

Xu J, YIU R, LI Z et al., 2006. China's ecological rehabilitation: Unprecedented efforts, dramatic impacts, and requisite policies. Ecological Economics, 57. 4: 595–607.

XU W, XIAO Y, ZHANG J, et al., 2017. Strengthening protected areas for biodiversity and ecosystem services in China. Proceedings of the National Academy of Sciences, 7: 1601–1606.

YAN J, LI H, HUA X, et al., 2017. Determinants of Engagement in Off-Farm Employment in the Sanjiangyuan Region of the Tibetan Plateau. Mountain Research and Development, 4: 464–473.

YAN W, 2017. China's First National Park, an Experiment in Living with Snow Leopards. Available online: https://news.mongabay.com/2017/05/chinas-first-national-park-an-experiment-in-living-with-snow-leopards/ (accessed on 9 April 2024).

YANG X, & XU J, 2014. Program sustainability and the determinants of farmers' self-predicted post-program land use decisions: evidence from the Sloping Land Conversion Program (SLCP) in China. Environment and Development Economics, 1: 30–47.

YAO T, THOMPSON L G, MOSBRUGGER V, et al., 2012. Third pole environment (TPE). Environmental Development, 3: 52–64.

YAZDANPANAH M, HAYATI D, HOCHRAINER-STIGLER S, et al., 2014. Understanding farmers' intention and behavior regarding water conservation in the Middle-East and North Africa: A case study in Iran. Journal of Environmental Management, 135: 63–72.

YOELI-TLALIM R, 2010. Tibetan "wind" and "wind" illnesses: towards a multicultural approach to health and illness. Studies in History and Philosophy of Science Part C: Studies in History and Philosophy of Biological and Biomedical Sciences, 4: 318-324.

ZHANG Y, LIU L, & HUI M, et al. , 2018. Evaluation, management and development of ecosystem services in Diebu county, Gansu province. Journal of Anhui Agricultural Sciences, 6: 78-82.

ZHAO J, LIU X, DONG R, et al. , 2016. Landsenses ecology and ecological planning toward sustainable development. International Journal of Sustainable Development & World Ecology, 23: 293-297.

ZHOU D Q, & GRUMBINE R E, 2011. National parks in China: Experiments with protecting nature and human livelihoods in Yunnan province, Peoples' Republic of China (PRC). Biological Conservation, 5: 1314-1321.

ZHOU H, ZHAO X, TANG Y, et al. , 2005. Alpine grassland degradation and its control in the source region of the Yangtze and Yellow Rivers, China. Grassland Science, 3: 191-203.

ZHU P, CAO W, HUANG L, et al. , 2019. The impacts of human activities on ecosystems within China's nature reserves. Sustainability, 23: 6629-6632.

ZINIA N J, & MCSHANE P, 2018. Ecosystem services management: an evaluation of green adaptations for urban development in Dhaka, Bangladesh. Landscape & Urban Planning, 173: 23-32.